Q弹美肌很简单

破除你的保养迷思，找回 Q 弹美肌！

〔日〕吉木伸子　著

田　园　译

重庆出版集团　重庆出版社

版贸核渝字(2010)第204号

图书在版编目（CIP）数据

Q弹美肌很简单 /〔日〕吉木伸子著；田园译 . —重庆：重庆出版社，2011.4
ISBN 978-7-229-03458-0

Ⅰ. ①Q… Ⅱ. ①吉… ②田… Ⅲ. ①皮肤－护理－基本知识 Ⅳ. ①TS974.1

中国版本图书馆CIP数据核字(2010)第263454号

Q弹美肌很简单
QTAN MEIJI HEN JIANDAN

〔日〕吉木伸子 著

田 园 译

出 版 人：罗小卫
策　　划：中资海派·重庆出版集团科技出版中心
执行策划：黄 河 桂 林
责任编辑：温远才 朱小玉
版式设计：王若羽
封面制作：林 肯 黄充擎

 重庆出版集团
重庆出版社　出版
（重庆长江二路205号）

深圳市彩美印刷有限公司 印刷
重庆出版集团图书发行有限公司 发行
邮购电话：023-68809452
E-mail：fxchu@cqph.com
全国新华书店经销

开本：787×1092mm 1/16 印张：10.5 字数：109千
2011年4月第1版 2011年4月第1次印刷
定价：25.00元

如有印装质量问题，请致电：023-68706683

你一定会爱死这本书的！

① 护肤专家 10 年修炼精华，理论与实践结合，
　 坚不可摧的保养攻略！

② 攻破 25 个习以为常的保养迷思，完全颠覆
　 传统方法，却又简单到难以置信！

③ 加班工作也不怕，深夜泡吧也不怕，家居旅
　 行必备良品，肌肤与你越变越美！

④ 不想钻研也不怕，懒得打理也不怕，继续懒
　 下去，继续美下去！

前　言

你的肌肤可以更完美！

你满意目前的肌肤状况吗？

你是否因为天生肤质或年纪，而对自己的肌肤妥协了呢？

你拥有的肌肤状况，真的是天生如此吗？如果有人对你说："你的肌肤可以更完美！"听到这句话时，你会有什么反应呢？

大家应该有频繁染烫头发而造成发质损伤的经验吧！过度受损的秀发已经变得又硬又粗糙，甚至你都觉得那不是自己的头发。

肌肤也是如此，保养做不好，一不小心就变成别人的肌肤。

信息化社会，与美容相关的信息充斥在你我生活中。新的化妆品和保养方法，还有整容的话题，琳琅满目地出现在美容和时尚杂志中，热衷研究肌肤保养的女性也因此增加。

另一方面，令我惊讶的是许多人只注意那些新的化妆品和保养术，却不知道针对最根本的肌肤构造对症下药。为什么会有斑点和细纹？毛孔粗大的原因是什么？这些问题又该如何预防？不懂这些基本常识，而一味随波逐流的女人大有人在。

例如：肌肤松弛会让脸部线条下垂松垮，所以拼命按摩向上提拉；毛孔粗大，就冷敷来紧致毛孔……这些看来煞有介事的保养方法，到底是不是正确的呢？现今流行的保养方法，若站在皮肤专家的角度来看，很多都要画上一个终止号。如果轻易相信，反而会造成肌肤问题，后果不堪设想。

只要你具备一点基本常识，就可避免受骗上当。

本书介绍常有的错误观念和不正确的保养方法，说明错误的原因并教你正确的肌肤保养法。

在你努力找回美肌的过程中，本书对你肯定有所帮助。

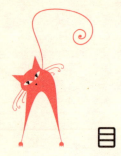

目 录

(第4章)　提升周

良好的生活习惯，是完美肌肤的本源！ 101

我爱用卸妆油，听说用它按摩能将粉刺清光

用眼部专用卸妆液卸除超防水睫毛膏，就万事 OK 吗

用大量的泡泡洗脸，能保证洗得干净吗

滋润型洗面奶真的能防止脸部干燥吗

冷水洗脸能紧致毛孔吗

纠正保养的错误观念，
破除清洁迷思大检测！

我爱用卸妆油，
听说用它按摩能将粉刺清光

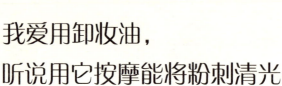

卸妆油无法去除毛孔污垢！过度按摩是伤害肌肤的凶手！

大错特错的卸妆迷思

以前有过这样一个广告，使用某品牌卸妆油按摩可以把毛孔粉刺清光光。这个广告的画面烙印在观众的脑海中，促使许多女性都用卸妆油来按摩卸妆。但是毛细孔是直达肌肤深处的细微小孔，光是按摩表面，毛孔内的污垢也不会因此浮出。就像你再怎么拼命刷排水孔的外面，孔内污垢还是无法去除。

有人说："用卸妆油按摩10分钟，污垢立刻掉光光。"事实却是，细致肌肤跟排水孔不同，揉搓按摩的同时，粉刺多少会跟着掉落。可是，这种强行去除粉刺的方式，对肌肤造成的负担就可想而知了 。

尽可能在短时间内完成卸妆

其实，用卸妆产品按摩肌肤的时间越长，肌肤所受的伤害就会越大，因为卸妆产品本身就会对肌肤形成莫大的负担。

卸妆产品的成分中含有能够迅速溶解浮出彩妆的"油脂"以及让油水乳化的"界面活性剂"。因为油和水无法自然融合，担任介质的界面活性剂便成了卸妆品里不可欠缺的成分。不过，过多的活性剂会把肌肤所需的油脂（能维持肌肤滋润的角质细胞间脂质）一起溶解，这就是让肌肤干燥的主要原因。因此，用卸妆产品不停地按摩肌肤，就如同你拿洗涤剂来洗脸一样。

请丢掉"卸妆同时按摩"的观念吧！最好控制在 40 秒内完成卸妆，从肌肤较强韧的 T 字部位推向两颊，再轻轻带到眼睛和嘴巴周围，最后以温水迅速冲净。卸妆品接触肌肤的时间越短，越能减轻对肌肤的负担。

造成肌肤负担的卸妆油

"毛孔污垢清光光"的夸大宣传引发热烈讨论后，加上"睫毛膏也能卸干净"、"彻底洗净"等原因，让卸妆油拥有广大支持者。但是，为了使油水瞬间乳化达到"迅速"卸妆，就需要更强的界面活性剂，而它也会对肌肤造成更大的负担。

当你下完厨后，就算用清水冲洗碰过肉和油的双手，还是会觉得油腻腻的，这是因为水无法去除油渍。反观含有大量油脂的卸妆油，在加水的瞬间会立刻乳化、将油脂洗得一干二净，这就是界面活性剂的强大力量。但是，它也会在冲水的同时，一并降低肌肤的湿润度。

卸妆油的另一个问题就是它的液状质地。比起卸妆霜和卸妆乳，质地清爽的液状卸妆油在使用时，免不了要用双手直接碰触、摩擦肌肤。这将造成界面活性剂因按摩而渗入肌肤，反而使肌肤的滋润成分大量流失。

市面上各品牌的卸妆油不断推陈出新，但无论是哪一种，基本上都比卸妆霜和卸妆乳对肌肤产生的刺激大。尽管最近有标榜"天然高级油脂"或"不刺激肌肤的多含油脂的卸妆品"等高价位产品，事实上，质量再好的油脂也无法溶于水。因此，为了迅速去除多余油脂，只好添加更多的界面活性剂。

请选择卸妆霜或接近白色的卸妆凝胶

那么到底要挑选什么样的卸妆产品，才能温和卸除彩妆呢？

最不会对肌肤造成负担的是卸妆霜。它含有恰到好处的油脂和界面活性剂，又有适当的厚度跟软硬度，可以不用过度摩擦肌肤就能轻松完成卸妆。

此外，也可以选择卸妆凝胶，但是请使用非透明、接近白色（乳化凝胶）的产品。

然而，卸妆霜和卸妆凝胶并非完全可信，其中当然也有好坏之分。

首先，我建议不要购买太便宜的产品。虽然价格无法代表一切，但是它多少反映出成分的质量。毕竟同样是会造成肌肤负担的卸妆品，至少要从中挑选质量较好的。具体来说，2 500日元（约200元人民币）以上的产品比较保险，这个价位可以买到比较好的卸妆产品。在皮肤保养品中，卸妆品尤其会对肌肤产生大影响，如果随便挑选的话，必定会造成肌肤问题，所以这方面投资千万不能小气。反而是清洁脸部的海绵或毛巾的质量差异不大，稍微便宜的东西也不会产生太大影响，把钱省在这里就可以了。

卸妆油之外的各种卸妆品

至于其他种类的卸妆产品又如何呢？

比如标榜温和不刺激皮肤的人气卸妆凝露，这种产品的油脂较少，含水量较多。因为它像水一样清爽，所以多半无法轻松溶解彩妆。如果没有上粉底液，只是扑一层蜜粉的淡妆，姑且还可以用，化浓妆的人就不适用了。

还有因其便利性而受好评的卸妆棉，和搭配化妆棉使用的卸妆水／液，这些产品几乎不含油脂，省略了"用油脂浮出彩妆"的步骤，就只能依靠界面活性剂的清洁力来卸妆，对肌肤造成的负担就不用我多说了。另外，用这些棉质物品擦拭脸部，会容易造成肌肤的小损伤，这也是造成问题肌肤的原因。如果长年使用，会因为刺激而开始长斑，对肌肤造成很大的伤害。若抱着"回家都累了，只想轻松卸妆"的心态，那么与其用这类产品，还不如别卸妆直接倒头大睡。

肌肤的警讯不会立刻察觉

为什么有很多人用了不适合的卸妆产品，而脸部肌肤已经产生问题，却还是迟迟没有发现呢？

因为有些产品是在持续使用数个月之后，肌肤才发出警讯。就像用了强效洗洁精，刚开始几天也毫无异状，但持续使用之后双手就会变得干燥粗糙，因为它们是慢慢地、一点一滴地夺走肌肤的滋润，而大多数的人不会立刻察觉。

正确解答

卸 妆

① 卸妆品会对肌肤造成负担，卸妆请在 40 秒内结束。

② 对肌肤损伤最小的是卸妆霜。

③ 卸妆品的预算在 200 元以上。

卸妆总共不超过 40 秒！

星期二

用眼部专用卸妆液卸除超防水睫毛膏，就万事OK吗

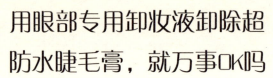

彩妆残留不会让色素沉淀而长斑，专用卸妆品的刺激性才令人担心！

化妆品色素不会被吸收

当我纠正女性的卸妆不当时，常常有人会说："我怕彩妆的色素会残留在脸上。"担心色素沉淀的心情其实不难理解，但那只是个常见的迷思罢了。

化妆品内含的色素分子颗粒较大，根本不会被肌肤吸收。就算真的被吸收，也不是只在睡觉的时候，化着妆的白天也一样吸引。脸上扛了一天的妆，按理来说，到了晚上嘴唇会被染成粉红色，眼睛四周也会黑一圈而不需要画眼线。

没有卸干净的睫毛膏，就好比睡觉时枕头或棉被上的灰尘被黏附在身上。

就算不卸妆直接睡觉，到了早上睫毛膏也还在，反而为了快速卸妆而使劲揉搓才是造成黑斑与黯沉的主要原因。

针对眼部的彩妆卸妆品对肌肤不客气

难卸的睫毛膏和眼线就得用专门针对眼部的卸妆品——这似乎已经成了注重保养的女性们的常识。眼睛就要用"眼部专用"的产品，这听来似乎让人放心不少，但真的是这样吗？

所谓"能迅速卸净难卸眼妆"的眼部专用卸妆品，一定比普通卸妆品具备更强的清洁力，对肌肤造成的伤害也就更大。再加上化妆棉纤维对肌肤的刺激，每天使用这些东西在脆弱敏感的眼部皮肤上，容易引起发炎，一段时间下来就会形成黑斑和皱纹。

正确卸除重点部位彩妆

如果重点部位彩妆卸妆品对肌肤不好，就拿脸部用的卸妆品来卸睫毛膏，那样也会对肌肤造成伤害。用"可卸除睫毛膏的卸妆油"这种清洁力较强的东西来卸除脸部彩妆，也是要打上问号的。常常使用难卸睫毛膏或眼线的人，应该用"橄榄油"来代替眼唇卸妆液！非食用的精制橄榄油可以在药店或者商场买到。把它倒在柔软的化妆棉上，在眼部敷 30 ~ 60 秒，等到睫毛膏和眼线溶解后，轻轻擦过睫毛即可，绝对不要用力摩擦。剩下没卸干净的睫毛膏，只要在卸除全脸彩妆时，用卸妆霜一并卸净即可。

避免使用超难卸的睫毛膏

最近，市面上的睫毛膏不断进化，有些产品再怎么用力卸也无法完全清除干净，也有的碰到水会像墨汁不断晕开而让眼睛就变成熊猫眼。这种很难卸干净的睫毛膏，在挑选时应该特别小心。为了卸除这种超难卸的睫毛膏，每天不停使用强效的卸妆产品，会对眼皮造成损伤，黑斑和细纹也会随之增加。

我能理解大家不管怎样也要重点化好眼部彩妆的心情，但因为这样而使黑斑、细纹增加，反而得不偿失。请为你 5 年和 10 年后的肌肤想一想吧，尽量少用那些超难卸的睫毛膏和眼部彩妆。现在有很多化起来很漂亮，又可以用温水轻松卸除的睫毛膏。平时使用易卸型的睫毛膏，重要的时刻才涂持久型的，也是维持美肌的诀窍哦！

正确解答

卸除眼部彩妆

① 卸除眼部彩妆时要用橄榄油轻轻抹过的方式。

② 尽量别用超难卸除的睫毛膏和眼部彩妆。

橄榄油

30秒~60秒

慢慢地，
不要用力摩擦哦！

星期三

用大量的泡泡洗脸，能保证洗得干净吗

> 洗脸的重点不是泡沫的量，而是手的力道。用泡泡搓太久，会使肌肤变得更干燥哦！

泡沫无法洗出美肌

漂浮着柔软奶泡的卡布奇诺，仿佛细雪般触感的慕司蛋糕和棉花糖……让人有轻柔感的泡沫正大行其道。

泡沫状肌肤清洁品也是。曾经有护肤品厂商宣称，用双手揉出满满的泡沫覆盖脸部才是正确的洗脸方法。从此以后，起泡球和起泡性较佳的洗面奶，甚至是能直接挤出泡沫的洁面乳等"泡沫洗护"产品变成了流行趋势。然而肌肤保养不是盲从刻板印象或者赶潮流，而应该有科学根据，不只是泡沫洁颜，所有的肌肤保养都应该这样。洗脸过程中，最重要的并不是泡沫的量与质地。

当然，直接使用洁颜产品会对肌肤产生过强刺激，所以加点水稀释并揉搓起泡，有较好的缓冲作用，如此一来可以降低手指对肌肤的摩擦力。就这方面来说，有泡沫的确是好事。可是，花5～10分钟来跟手中的泡泡对抗，是件本末倒置的事情。

花时间摩泡泡竟换来干燥肌肤

我们的皮肤中含有能留住水分的成分（又称天然保湿因子），它们能帮我们维持肌肤滋润，但是它们只要碰到水就会不小心流失。就像是洗完手后不擦干，就会觉得双手干燥一样。

洗脸时，你一定会先冲湿双手和脸吧！就在你努力摩出泡泡的同时，已沾湿的脸部肌肤会不断地流失保湿成分。

取适量的洁颜产品，用双手直接揉搓起泡吧。然后，双手轻轻交叠，中间形成适量厚度的泡沫即可，不需弄到像冰淇淋一样的大量泡泡。这种起泡方式只需要十几秒，所以也不需要特地使用起泡球。使用洁面皂这种起泡性不好的产品，可以把洁面皂放到细网内摩一下，也有快速起泡的效用。

另外，有些洁面乳的出口有特别的设计可以直接挤出泡沫，看似方便，但其中多含有大量起泡性强的界面活性剂，所以不推荐。跟快餐一样，便利性高的东西多少会有缺点。还是用自己的双手摩出泡泡是最好的。

把握好洗脸的力道和时间

相对泡泡的量，洗脸时更要注意的是手力和时间。

假如你的脸是一颗鸡蛋，那就用不弄破鸡蛋的力道来洗脸吧！跟卸妆一样，从肌肤较强韧的Ｔ字部位开始，让泡沫充分覆盖，再来是脸颊、下巴等部位，最后才是最细嫩的眼部周围和嘴唇周围，然后用与皮肤温度相当的温水冲洗干净。

泡泡敷到脸上后，因为"好不容易搓出一堆泡泡"的想法，有人会忍不住一直拼命按摩，其实不应该花太多时间在这上面。除了用指腹轻轻按摩Ｔ字部位外，其他的地方只要轻轻带过泡沫，污垢就可以洗掉。反而是按摩越久，越容易引起肌肤干燥 。从开始卸妆到洗脸结束，所有步骤应在３分钟内完成。

正确解答

使用泡沫洗脸

① 泡泡只需在双手间摩出适量厚度即可。

② 重要的不是泡沫的量，而是洗脸的力道。

③ 泡沫抹到脸上后，从 T 字部位开始迅速抹开并洗净。

光滑闪亮！

稍微有个厚度就行了！

星期四

滋润型洗面奶
真的能防止脸部干燥吗

> 滋润型洗面奶并不能洗净肌肤的多余皮脂，而残留的皮脂一旦氧化，反而造成皮肤老化。

洗脸是个大学问

多数女性似乎认为"过度洗脸会造成肌肤干燥并出现细纹"，所以很多人并没有认真地把脸洗干净。过度洗脸确实不好，但是该清理的东西没有清理干净，也会加速肌肤老化。清洗力道太小，多余皮脂残留在脸上，过段时间就会变成过氧化物质，这才是肌肤老化的恐怖原因。

化妆品内含的油脂通常添加了抑制氧化的抗氧化剂（维 E 等），而皮脂是天然油脂，暴露在空气中会随时间而氧化。氧化的皮脂会变成活性氧，不只造成肌肤老化、形成黑斑和细纹，有时还会引发皮肤红痒等问题。因此，每天早晚都要清除脸上多余皮脂。

选择稍微有紧绷感的产品

皮脂被清除的程度，根据不同的洁颜产品有所差异。常有人问我："哪种洁颜产品比较好？"这要依据肌肤皮脂的多少而定，也就是要选择适合自己肌肤类型的清洁产品。

请挑选能彻底洗净污垢，而且不会带走大量肌肤水分的洁颜产品。洗脸后轻触肌肤，稍微有点紧绷的触感是最好的，只要在洗脸后做好保湿工作，就能解除紧绷感。

滋润型洗面奶的真面目是"油脂"

让洗脸后的肌肤仍保有滋润感，这就是所谓的滋润型洗面奶。但你知道吗，这种洗面奶添加了"油脂"啊！

添加了油脂的洁颜产品冲洗之后，油分仍会留在脸上，所以我们不会觉得紧绷。也许你会觉得它能呵护肌肤保持肌肤滋润，但实际上，这相当于在脸上敷了一层油膜而已。如此一来，你擦什么在脸上都无法吸收，而残留在脸上的油分也是长痘痘的原因。其实，想要用洁颜产品洗出滋润，只是你的一相情愿罢了。洁颜产品的任务是"清洁"，滋润是靠涂抹的保养品来达到效果的。

洁颜产品的选择诀窍

洁颜产品的好坏取决于添加在其中的清洁成分。

但是，要看懂那些难懂的标志再作决定，是难上加难。所以，这里就列出几种洁颜产品的"真相"，让你可以判断好坏。

洁颜产品

泡泡型洁颜慕斯

洗面乳

洁面皂

油状洁颜产品

洁颜粉

洁面皂

最不容易失败的产品。最简单的洁面皂可以彻底清除污垢，也不会在脸上留下多余的东西。油性肌肤的人可以直接使用洗澡的香皂，而觉得普通香皂清洁力过强的人，就选用洁面皂吧！

洗面奶 / 霜 / 乳

这类产品的清洁力有强有弱，是最难区分的类型。滋润型的产品大多含30% ～ 40% 的油脂，有残留于皮肤形成油膜的危险。而且，使用量难控制，导致多数人用量偏多，后果更严重。

洁颜粉

和洗面奶一样，清洁力从强到弱，各式各样都有。

泡泡型洁颜慕斯

虽然有较高的便利性，但有的会添加起泡性强的界面活性剂，我们很难一眼就看出来。而泡沫较多的产品，大多含有大量起泡剂。

油状洁颜产品

属于超级滋润的产品。除非是碰到水也会刺痛的超级干燥肌肤，否则不建议使用。

正确解答

洁颜产品大抉择

① 洗脸后，用指尖轻触脸部，感到稍微紧绷就表示多余皮脂清除了。

② 洁颜效果失败率最低的是洁面皂。

紧~绷~

冷水洗脸能紧致毛孔吗

> 毛孔粗细取决于肤质和肌龄，用冷水达到的紧致效果超不过30分钟！

冷却不能真的紧致毛孔

很多人相信冷却肌肤能紧致毛孔，连女性杂志里也常介绍用冰块敷T字部位，把化妆水放在冰箱里冷藏敷脸能紧致毛孔，而用冷水洗脸也是其中的一种。

事实却是，冷却根本不能紧致毛孔。

如果把生肉或生鱼片放进冰箱冷却，会有更紧实更爽口的口感。而肌肤也一样，冷却后能短暂地感受到紧实感。然而这样的冷却，效果绝不会超过30分钟。肌肤的温度会随体温而自动调节恢复。就像寒冬时走在室外，皮肤会又冰又冷，但回到室内，皮肤就会自动回温。

突然的冷却对肌肤带来温度变化，可能会造成面部泛红。如果肌肤经常受到这种刺激，毛细血管就会扩张变粗。

所以，洗脸时要避免使用冷水，最佳温度应是和皮肤温度相近的温水。较烫的热水跟热毛巾，也会造成面部泛红。

毛孔粗细是天生的

"是不是我保养做得不对，才会造成毛孔粗大呢？"常有人会这样想，但毛孔粗细并不会因为你的保养方法而受到太多影响。

用眼睛看就知道，每个女生脸上的毛孔粗细的确不太一样。但那并非取决于如何保养，大多是天生的。也就是说，皮脂腺的粗细，每个人生下来都不一样。这种"天注定"来自于遗传。所以，毛孔粗细跟身高是家族遗传的道理一样。

只是，保养做得不好，当然也会使毛孔变得更粗大。有人 T 字部位的毛孔里塞了一堆污垢，变成一颗颗突起的粉刺。还有，用手指大力挤压出粉刺、用磨砂膏按摩洗出毛孔污垢，这些刺激反而都会加深对皮肤的损伤，使毛孔更加粗大。

肌肤松弛会造成毛孔粗大

除了天生遗传外，另一个毛孔粗大的原因就是皮肤失去弹性。

肌肤深处的真皮层里，有一种叫做胶原蛋白或弹力蛋白的弹力纤维，它们像是张开的密网一样，让皮肤在受到按压后仍能恢复原状，保持我们肌肤的弹性。

这个弹力纤维会随着年龄的增长而散失，使肌肤失去弹性，同时让毛孔变得粗大。弹力纤维的衰老松弛不只是因为年龄增长，睡眠不足、饮食不正常和紫外线照射都会加快它的衰退速度。毛孔扩张的年龄因人而异，大多数人在25岁之后就会察觉。

扩张的毛孔大多出现在鼻子四周，外观上呈细长状。保养可延缓毛孔扩张，所以应该尽早作好准备。

自制美白收缩毛孔面膜

如何 DIY 美白又收缩毛孔面膜呢？嘿嘿，我还是觉得以下这个牛奶蜂蜜面膜的方法不错。

材料：薏米仁、牛奶、蜂蜜、纯水、面膜纸膜。

步骤：

1.把 100 克左右的薏米洗干净；

2. 把薏米放在锅里，放 4 倍的水（最好用矿泉水），泡 3 个小时；

3. 将水煮沸再用小火，煮沸后开小火再煮 10 分钟，关火；

4. 把煮好的薏米水倒入一个容器里，放进冰箱冷藏；

5. 需要用时从冰箱里取出，找一个干净小碗，倒一点薏米水、适量牛奶、一勺蜂蜜，搅拌均匀；

6. 把面膜纸放到上面那些搅拌好的水里，浸透；

7. 把自制面膜放到脸上敷 20 分钟；

8. 拿掉面膜纸，DIY 美白面膜就这样搞定。

用温水洗脸

① 最佳温度是和肌肤温度相同的水温。

② 突然的温度变化会造成脸部泛红，所以洗脸过程都要用同样温度的温水。

你最应该知道的皮肤基本构造！

正确保养肌肤，从了解肌肤构造开始

在做肌肤保养前，先搞清楚皮肤构造是很重要的。我们的皮肤由表皮层、真皮层和皮下组织构成。大家要特别注意表皮层与真皮层的构造。

表皮层

这是皮肤最外层的部分。脸部皮肤的表皮厚度仅有 0.1 毫米左右，而位于表皮层最外部的角质层，可以帮我们抵抗肌肤接触的外来物质，这是它的重要使命。

健康的角质层是由规则排列的角质细胞（死去的表皮细胞）所构成，中间的空隙填满了角质细胞间脂质，它能维持肌肤滋润，保护肌肤免受外敌侵害。

角质层下面又排列着活的表皮细胞，最底层才是能制造新的表皮细胞的"基底层"和制造黑色素的色素细胞——黑素细胞。

表皮细胞以 28 天为一个生长周期，死亡的角质细胞会变成老废角质剥落。但是，在这个周期里表皮细胞也会因为睡眠不足、饮食不正常或代谢迟缓而形成痘痘、肤色黯沉等问题，这也是肌肤老化的原因。

真皮层

位于表皮层下方。真皮层的 70% 左右都是由网状纤维——胶原蛋白所组成，还有弹力蛋白等纤维，如同支架一般撑起胶原蛋白。这些纤维如果松弛、流失，都会使肌肤失去弹性，产生皱纹和松弛现象。我要提醒的是，化妆品内含的胶原蛋白，是用来维持表皮层滋润度的保湿成分，并不能补充真皮层里原有的胶原蛋白。

此外，真皮层里还有分泌皮脂的皮脂腺和分泌汗水的汗腺。

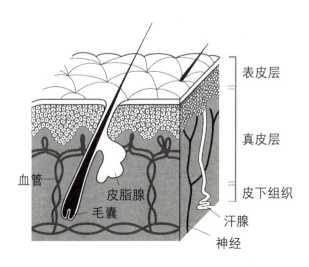

星期天

敏感性肌肤这样保养才对！

敏感肌是怎么造成的

半数以上的女性认为自己是敏感性肌肤。但是，因个人体质而形成的真正"敏感肌"，其实是极少数的。那为什么又有这么多人以为自己是敏感肌呢？

首先，很多人是因为保养方法错误，使肌肤变得粗糙干燥。这种情形会让角质层的保护力受损，皮肤容易受到外来刺激而变得敏感。但是，这些都只需要养成正确的保养方法，就可以减少敏感度，所以并不算是真正的敏感肌。而最主要的原因是卸妆不当，其他例如每天涂防晒产品、持续使用不适合的化妆品而没有察觉，都有可能形成粗糙的问题。

另外，不良的生活习惯也会让肌肤变得粗糙干燥。睡眠不足和不规律的生活会造成肌肤抵抗力下降，自然就形成脆弱敏感的肌肤。但这些都和真正的敏感肌不一样。

如果你不是上面提到的内外因素造成的敏感肌，而且你也有做好保养工作并保持规律生活，而肌肤还是容易敏感的话，那就是真正的敏感肌。

真正的敏感肌请跟我这样做

敏感肌的特征是肌肤本身就很脆弱，容易干燥，会对外来刺激反应过度。轻微的刺激对正常人来说可能不痛不痒，但是敏感肌会立刻变得红痒。例如，只要擦了含有一点点酒精成分的化妆水，整个脸就立刻红起来，连被摸一下头发也会觉得痒。这样的人，首先应该使用低刺激性的化妆品。保养时也一样，应该维持最简单的方式，尽量不要在脸上随便擦东西。如果红痒还是很严重的话，有可能是皮肤炎，还是去看皮肤科比较好。

另外，也有人在生理期前或睡眠不足时，才会有类似敏感的症状。如果你是这种情形，建议你在敏感症状出现时，试着让保养回归到简单自然。例如，美白等琐碎的保养工作，在敏感时期就暂时停止，洗脸后用一点保湿美容液即可。化妆时也尽量擦一层淡淡的粉饼或蜜粉就好，不用卸妆品而直接用洁面皂洗脸。等到肌肤状况恢复之后，再慢慢回到你原来的保养方法。

如何判断保养品的性价比?

很多人可能会感到困惑，为什么同样是保养品，价格却差这么多？而使用过的贵的和便宜的产品，感觉两者效果似乎也没差多少。

没错！保养品的价格与质量并不是完全成正比的，但也不是说只要是贵的就是好的。很便宜的东西，毕竟无法保证它的质量，不只是保养品，衣服、食物、其他很多东西也是一样。不过，也有人觉得贵的保养品比较让人安心。的确从一些贵的产品可以看出厂家有点良心。这勉强说得过去，但是良心价格毕竟是有限度的。

试着站在厂家的角度想想，当你要压低售价时，一定会先降低包装成本。如果一直追求低价，势必连材料费都要压低了。要是连材料费都省的话，做出来的产品能往脸上涂吗？

便宜又有良心的餐厅大受欢迎，但是如果便宜得太夸张，可能你也会怀疑食材的来源吧！保养品也是一样的道理。如果不想被那些超便宜的商品欺骗，应该怎么做呢？简单来说，与普遍的平均价格差太远，就应该提高警觉。卸妆产品和化妆水，2 500 ～ 4 000 日元是在日本的普遍售价，在中国，普遍在100 ～ 300 元不等。保湿美容液或美白美容液是 4 000 ～ 10 000 日元，在中国，普遍是 150 ～ 300 元。如果是低于平均售价的产品，厂商为了能制造出低廉的东西，必定会有意识地压低原料费。

也并不是低于标准售价的产品全都不好。皮肤健康的人，如果觉得使用便宜的产品没有什么关系，也可以自己判断决定。我在此为那些因价格感到困惑的人，提供一个可以一眼判断的标准。使用低于标准价格太多的产品，等于拿自己的肌肤来测试该产品的可靠性，觉得自己可以分辨肌肤变化的人，可以不受价格影响，自由地选择自己想要的产品。

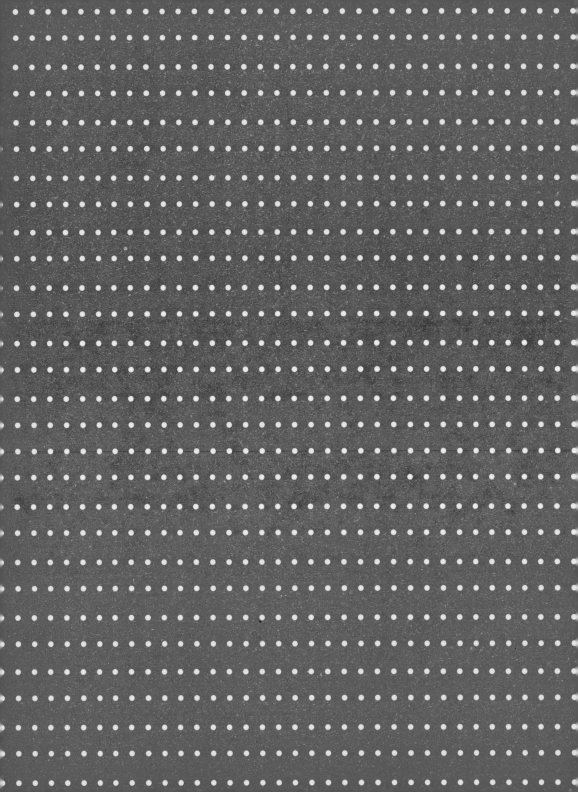

第2章
扫盲周

用化妆棉拍打的化妆水，可以更好地渗透肌肤保持滋润吗

拍完化妆水马上擦乳液，可以锁住滋润吗

不想当干妹妹，所以要每天敷面膜、喷保湿喷雾吗

每天勤擦防晒油，能让黑斑远离吗

不含防腐剂和香料等添加物的保养品，最适合敏感肌吗

小心陷阱！错误观念
就在你的保养工作中！

星期一

用化妆棉拍打的化妆水，
可以更好地渗透肌肤吗

马上住手！化妆棉拍打对皮肤的刺激，正是形成黑斑的原因。

柔软的高级化妆棉，加了化妆水立刻变硬

我常听到有人说："用化妆棉拍打化妆水，能更快渗透吸收。"使用化妆棉轻轻拍打，除了觉得很舒服，心理上也觉得这样才是做足了保养，但实际上却存在很多案例是因为化妆棉而造成的肌肤问题。

首先，用化妆棉拍打化妆水，肌肤会因长期不断受拍打和摩擦等刺激而产生黑斑，因此应该禁止在皮肤上做物理性刺激。但是，有人可能会觉得用柔软的化妆棉应该没关系吧！试着用你手边的化妆棉沾取化妆水，再拿它轻轻拍

打手背，这时你是否可以直接地感觉拿化妆棉的手指拍打时的手感和力道呢？

化妆棉吸水就会变薄、变硬，就像拥有一身松软毛发而备受喜爱的贵宾狗，洗完澡后毛发会变得扁塌，体型也瞬间瘦小了一圈。化妆棉的触感柔软舒服是因为含有空气，一旦加了化妆水，空气流失，就会变成块硬硬的棉絮了。拿着这种东西来拍脸，就如同拿一片薄木板敲打你的脸一样。尤其是颧骨的地方要特别小心，因为肌肤底下就是骨头，双面刺激会造成更大的刺激。

很多人说颧骨附近因为容易接触紫外线，所以容易长斑，但事实并非如此简单，这是因为有很多人会在颧骨上的肌肤拍打、摩擦。拍打产生的刺激会使毛细血管扩张，也是脸部泛红的原因。力行"每日轻拍100下"的你，赶快照照镜子吧！你的颧骨附近是否已呈现淡淡的暗红色了？

无法与肌肤打交道的化妆水

很多人总是拿化妆棉拼命地往脸上拍化妆水，因为她们觉得皮肤就是需要化妆水。但是，其实大部分的化妆水并无法被肌肤吸收，因为化妆水的成分多半是"水"。

在肌肤表面的角质细胞之间，填满了一种叫做"角质细胞间脂质"的脂质。脂质是油性的，基本上无法与水相溶。因为这种脂质的存在，肌肤表面会有排水性，所以就算泡澡，热水也不会不停地进入我们的皮肤和体内。

一般来说，化妆水的 90% 是水。能被肌肤所吸收的有效成分可能会慢慢渗透到肌肤内部，除此之外，水本身很难渗透肌肤。化妆水的成分中除了水之外，还有其他有效的保养成分，它们会渗透肌肤，就算不拍打也会慢慢被肌肤吸收。由此看来，化妆水根本就不需要拍打。

在你拍化妆水的时候，沾了化妆水的化妆棉会慢慢变干，并不是因为化妆水被肌肤吸收，而是在空气中蒸发了。再仔细想想，重复擦大量的化妆水也是毫无意义的，因为那只是让更多化妆水蒸发掉而已。只需要将倒在手掌心的化妆水，轻轻地按压在脸上就可以了。

正确解答

化妆水的使用方法

① 用手擦化妆水。

② 不拍打，用手轻轻包覆脸颊按压即可。

③ 擦上脸的化妆水多会蒸发掉，所以量不需多。

星期二

拍完化妆水马上擦乳液，可以锁住滋润吗

> 用油脂锁水是过时的做法，有锁水功能的保湿成分才能预防干燥。

油脂无法保持滋润

多年来，大家总觉得正确的保养顺序，应该是在洗脸后先擦大量的化妆水，然后涂乳液，最后再上一层霜。我们相信，如果在肌肤表面做出一层油膜，就能紧紧锁住肌肤内部的水分。这种坚定的观念成为一种"信仰"，很多人误以为"油脂不够才会变成干妹妹"。这其实算是妈妈辈的保养观念了。

20 世纪 70 年代，人们发现角质层构造的秘密，才知道能锁住肌肤水分的不是油脂，而是存在于角质层中的"细胞间脂质"。但是，大家不习惯细胞间脂质这个新名词，反而觉得油脂的理论听起来好懂多了。正因为如此，这个老旧的护肤观念才会流传至今吧！但是，保养不能光靠传颂的理论和逻辑，更应该从科学的角度出发。

细胞间脂质才能锁住肌肤水分

在肌肤最外层的角质层中，角质细胞像千层蛋糕一样层层堆砌，中间的缝隙填满了细胞间脂质。细胞间脂质有包覆水分的特性，所以肌肤才能保水。细胞间脂质又细分成几种，其中的"分子钉"扮演了最重要的角色。

分子钉能够像三明治一样，紧紧地包夹住水分。只要水分到了它的手中，就算周围的湿度是零，它也不会让水分轻易蒸发。分子钉由肌肤不间断自行制造，但是也会随着年龄的增长而逐渐减少。当你觉得自己的肌肤比以前更容易干燥，就是因为分子钉的量变少了，并不是皮脂量减少了。

因此，针对干燥肌肤的对策，并不是补充油脂，而是要促进分子钉的生长。最近市面上已有添加分子钉的美容液，在擦完化妆水之后可以涂抹这类产品。

除了分子钉之外，其他具备保湿锁水效果的成分也已经被发现，这里我要作简单介绍。虽然这些成分没有分子钉的保湿效果好，但因为原料成本低，所以在护肤品中普遍使用。

玻尿酸

存在于真皮层中的胶状物质，具有强劲的锁水能力。

胶原蛋白

是构成真皮层内纤维的蛋白质，也是维持肌肤弹性的成分。擦在肌肤上的胶原蛋白虽然不会渗透到真皮层，但在肌肤表面却是锁水保湿的大功臣。

弹力蛋白

跟胶原蛋白一样，是形成真皮层内弹力纤维的蛋白质，可以帮助肌肤表面锁水保湿。

类分子钉

跟分子钉一样，能层层包覆水分，形成如同三明治般的构造，但保湿能力比分子钉稍弱。

天然保湿因子

也称作 NMF，是肌肤中原有的物质。可以与水结合，但是湿度降低时，它的保湿性也会跟着降低，保湿效果较不明显。

正确解答

保湿的真相

① 擦化妆水后应该擦添加了保湿成分的美容液。

② 保湿成分最有效的是分子钉，其次是玻尿酸、胶原蛋白等。

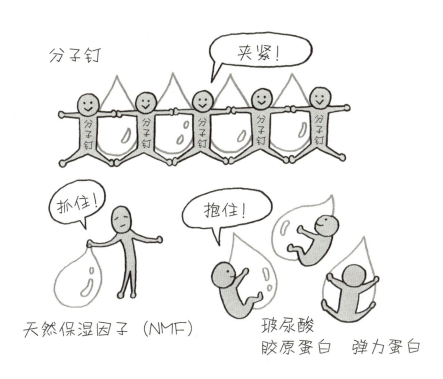

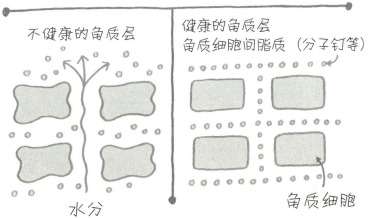

星期三

不想当干妹妹，所以要每天敷面膜、喷保湿喷雾吗

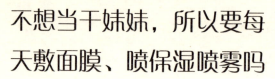

化妆水的滋润只是一时的，并非干燥肌的解决之道！

化妆水无法保湿

夏天一到，一到室内就开空调，因此空气特别干燥，女人们也纷纷变成干妹妹。

被"干燥肌"问题困扰的患者数量竟然居看诊排行榜第3名。当我询问患者她们怎么对付干燥肌肤时，很多人都回答我"擦很多化妆水"。最近流行一种保湿面膜，就是把整片含有大量化妆水或保湿液的面膜敷在脸上，还有很多人白天时会使用保湿喷雾来做水分补给。

事实上，化妆水对于干燥肌只是治标不治本。它会让你的肌肤暂时处于滋润状态，但只不过是湿润的感觉，那些水分过几分钟后马上就蒸发掉了。

大家都知道，解决干燥的方法叫做保湿。保湿就是要保住湿度，化妆水的补水只是加湿，并没有"保住"水分的效果，根本就谈不上保湿。所以，想要彻底解决干燥肌的问题，应该是想办法让水分不流失。

可有可无的化妆水

锁住肌肤水分的保养方式，就如同前面提到的，多补充分子钉、玻尿酸、胶原蛋白等保湿成分。即使不擦化妆水，只涂抹添加了分子钉成分的美容液，就算是在开冷气的室内也绰绰有余了。

也有人会想："我用的是滋润型化妆水，里面应该有很多保湿成分吧！"但是，化妆水是不可能添加太多美容保湿成分的。化妆水里面有八九成都是水和酒精。尤其是保湿喷雾，如果加了太多保湿成分，会使分子变重而无法形成细小的喷雾状，所以这类产品几乎和水没有两样。

其实人体的2/3是水，体内会自动不断地为肌肤补充水分，也不会因此造成体内缺水。所以，就算不擦化妆水也不会对肌肤构造及运作产生影响。砸钱买化妆水还不如把钱省下来，买含效果较好的保湿成分的美容液。

擦化妆水时，肌肤会因为接触到水分而有舒适感，这只是心理层面的加分作用。就像是料理中的前菜一样，少了这一道菜也没差，也不需要期待它有多少营养成分。

敷面泥集中保养

想要帮干燥的肌肤补充水分，用整片的膜状面膜还不够。我建议使用会变得像石膏一样又干又硬的泥状面膜。它能阻断肌肤表面的水分流失，使角质层补满了水，在冲洗之后仍可感受到深层的滋润。

另外，针对白天的补水工作，请丢掉保湿喷雾，改用添加保湿成分的美容液吧！取适量在指尖轻轻按压干燥的部位，等它自然渗透即可，不需要一直按摩，妆容也不会花掉。

正确解答

保湿工作的重点

① 擦大量的化妆水，还不如补充保湿成分。

② 如果要敷脸，请使用会变硬的面泥。

③ 针对白天的干燥肌，可用指腹在干燥处轻轻按压美容液。

星期四

每天勤擦防晒油，
能让黑斑远离吗

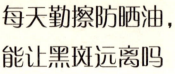

每天擦防晒油还是会长斑，别再依赖 SPF 系数了！

抹防晒油还是会长斑的原因

紫外线伤害的严重性，使大多数女人都认为应该每天避开日晒。因此，大家最常做的就是涂抹身体防晒油。最近也出现了许多有防晒功能的化妆品，越是注重保养的女人，每天就越离不开这类产品。

但即使是努力做好防晒工作的女人，从她的脸仍可以看出紫外线影响的蛛丝马迹。这又是为什么呢？

其实，防晒油的功效中存在着几个陷阱。

不要迷信 SPF 防晒系数

防晒型化妆品上标有防晒系数，基本系数从 2 到 50 不等。我们都认为防晒系数越高，代表的防晒效果就越强。系数超过 30 的就算是强效产品了，涂了会让人有安心的感觉。

不过，SPF 到底是什么呢？简单来说，它是皮肤能抵挡紫外线中 UVB 的时间倍数。成人在夏日艳阳下，皮肤能抵挡晒伤的时间平均为 20 分钟，SPF2 就是把这个时间乘以 2，能将时间延长到 40 分钟。以此类推，SPF20 就可以延长到 6 小时 40 分。但是应该很少有人会连续在太阳底下晒 6 小时吧。所以，只要涂抹 SPF20 以上的防晒油出门，就基本可以达到预防长斑的效果。

不过，这里面有一个陷阱。就像不管擦什么药，根据使用量的不同会产生不同的效果，防晒品也是一样的道理。

过量反而弄巧成拙

防晒型化妆品的 SPF 系数，是经过人体皮肤测试决定的。在人的皮肤上涂抹防晒油，经过紫外线照射后，观察涂和没涂的皮肤，测量他们晒红晒黑需要多长的时间。在日本，标准量是每 1 平方厘米的皮肤涂抹 2 毫克的防晒油。这样的量大概是一般女性使用量的 5 倍。也就是说，大多数的女性只涂了标准量的 20% 就出门了。数据显示，只涂抹 20%，其防晒效果会降低至 20%。

既然这样，你敢把相当于平常使用量 5 倍的防晒产品涂在脸上吗？你铁定会迟疑很久吧！如果涂上厚厚的一层，脸会变得惨白，妆容也一下子就掉了。

另外，可能有很多人还不知道，有些防晒产品的效果在过了一段时间后会大大减低。甚至有的在短短两小时内就完全失效了。因为，紫外线吸收剂在吸收了一定的紫外线量后，就无法再继续吸收了。

而紫外线吸收剂对肌肤造成的负担也是令人担心的。即使是对肌肤再温和的防晒品，如果每天涂抹，多多少少还是会造成负担。无论紫外线有多么恐怖，如果为了预防反而伤害了肌肤，才是得不偿失啊！就如同为了抵抗细菌而猛擦消炎药，到头来反而对皮肤不好。大家都深切了解到紫外线的可怕，但毕竟肌肤是十分细致的，防晒还是恰到好处即可。

粉类化妆品可预防黑斑

看了前面这么多关于防晒品的各种问题，感觉预防黑斑变得难上加难了。到底该怎么做才能恰到好处，又聪明防晒呢？

我建议可多使用粉饼和蜜粉：这些粉质产品可以分散折射紫外线达到防晒效果。只要擦上一层粉，就算是没有 SPF 系数的产品，也有一定防晒的效果。粉质类的东西不会被肌肤吸收，不易造成肌肤问题，也比防晒品对肌肤的影响温和多了。

出门在外一整天的抗紫外线对策，只要有一块粉饼就足够了，不需使用防晒产品，如果是长时间待在户外的话，就多扑几层粉吧。

假日或是不想化妆的日子，可以轻轻扑层蜜粉就好了。最近也有自然色系的产品，无论使用哪种产品，记得在容易长斑的颧骨处擦得稍厚一点，流汗以后也要记得补擦。

至于身体防晒，就尽量利用衣物遮盖吧。穿一件具有抗 UV 效果的针织衫或者披条丝巾、戴手套都比擦防晒油更有效。

正确解答

抗 UV

① 每天在脸上涂防晒品会造成肌肤负担。

② 两小时内的外出防晒，只要擦个粉饼或蜜粉就够了。

③ 身体防晒应该在衣服上多下工夫。

星期五

不含防腐剂和香料等添加物的保养品，最适合敏感肌吗

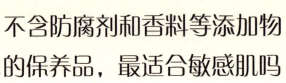

对于"纯天然"或"敏感肌专用"的产品，都要提高警觉！取代添加物的可能是其他刺激成分。

无添加是幌子

只要看到"无添加"、"纯天然"、"自然"等字样的保养品和化妆品，很多女性就无法抗拒诱惑。最近连所谓的有机化妆品也引起了一股潮流。

女生们总喜欢温和、让人安心的东西。对食物也是这样，我们都会相信对身体无害的无农药蔬菜，不爱使用调味包或罐头等加工食品，最好还能看到生产者的脸。在注重食品安全的现代，我可以理解大家对放进口中的东西小心翼翼，有时难免变得比较神经质。但是，化妆品可不能这样处理。

假如有一个加了满满奶油的泡芙，把它放在室温的环境里一天，新鲜的奶油馅一定会腐坏吧！就算放在冰箱冷藏，顶多只能保存几天。乳霜类的保养品也一样，是会酸臭掉的！保养化妆品不同于马上要吃的食物，在其中添加防腐剂是不可欠缺的一环。

很多人会觉得防腐剂应该对肌肤不好。毕竟这不是吃进嘴里的东西，保养化妆品的防腐剂其实没有想象中的可怕。但是，对某些防腐剂有过敏反应的人，只能避免使用添加防腐剂的产品，而一般人应该不会有什么问题。防腐剂当然是越少越好，但如果保养化妆品的防腐剂过少，有可能会因为霉菌滋生而坏了整个产品。所以就卫生层面来说，适量的防腐剂是必需的。

在有害添加物当中，香料也常被当成众矢之的。其实，只要是不会造成过敏的香料，对肌肤也是无害的。一味地抗拒防腐剂和香料，就像是对鸡蛋不过敏的人一直拒吃鸡蛋一样，是毫无意义的。

自然系保养品也可能引起发炎

自然保养品主要以天然植物等原料制成，很少添加化学成分。这类产品似乎对肌肤很好，却有很多人因为这样的东西引起发炎症状。这是因为天然的成分都比较复杂，擦在肌肤上容易引起过敏等反应。反而是化学合成的产品对肌肤较安全。同理可证，手工制作的保养品也要小心。以蔬菜或水果为原料制成的保养品，多半是皮肤过敏发炎的原因。食物当然是越自然的东西越好，但是擦在肌肤上的东西就另当别论了。

这些成分也请小心

比防腐剂或香料更应该提前警惕的成分有哪些呢？第一个是界面活性剂。由保养品造成的问题肌中，最常见的凶手就是它了。界面活性剂的功用是让油和水融合，在许多保养品中是不可欠缺的。少量的界面活性剂还可以接受，量多或者作用较强时，不管是谁用了，肌肤都会产生问题。含有较多界面活性剂的产品，有快速清洁的卸妆油、卸妆液、粉底液，以及给人温和印象的凝胶等。肌肤比较脆弱敏感的人，应该尽量避免使用这类产品。

正确解答

敏感肌保养

① 标榜无添加、天然、自然的产品，对肌肤不完全是温和的。

② 防腐剂和香料在不引起过敏的前提下都是无害的。

③ 避免使用含有大量界面活性剂和高分子聚合物的产品。

星期六

肤质是什么?

肤质因人而异

相信大家都听过肤质 (肌肤类型) 这个名词吧? 它们又分成干燥肌、油性肌、油性干燥肌等类型,但是真正了解自己肤质的人其实很少。这是为什么呢?因为如果不分别考虑肌肤的"水分"和"油分"(皮脂量),就无法正确判断自己的肤质。

四种肤质

分别考虑肌肤水分和油脂的含量,就可以将人的肤质初步分成四种类型。皮脂和水分都很多的肌肤是油性肌。这类型的人容易油光满面,皮肤也有黏腻感，还要小心痘痘问题。相反的，皮脂和水分都很少的就是干燥肌。这类型的肌肤总是干燥粗糙，容易变成敏感肌。

另外，最近暴增的是皮脂多、水分少的油性干燥肌。这类型的肌肤容易长成人面疮，是最常引发肌肤问题的类型。所以，应该要多补充可增加水分的分子钉，以取得油水平衡。

最后是理想的中性肌——水分稍多、油分较少的肤质。少油即可以紧致毛孔，皮肤看起来也更完美。中性肌是最接近婴儿皮肤的肌肤。

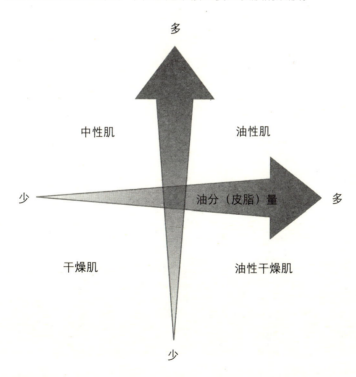

星期天

肤质大检验！

了解自己的肤质，做好正确的保养

想要做好保养，让自己的肌肤更美，就要先彻底掌握自己的肤质。

在人的面部皮肤中，T字部位的额头和鼻子，以及U字部位的脸颊，这两者的皮肤质量是非常不一样的。大部分人的T字部位是油性肌。要辨识自己的肤质，应从U字部位下手，而日常的保养工作也要配合U字部位的肤质来进行。U字部位容易干燥、敏感，也会提早显现出肌肤的年龄，所以更需要仔细的保养。首先，应挑选适合U字部位肤质的保养品，而T字部位只需把使用量稍微减少即可。

肤质的辨识及保养方法

早上起床后，在洗脸前先摸摸脸颊等 U 字部位，再对照自己符合下面哪一种肤质。

油油腻腻，没有干燥感——油性肌。应靠洗脸来洗净油脂，并使用无添加油脂的保湿美容液。

干燥又紧绷——干燥肌。使用干燥肌专用的洁面皂洗脸，并多涂抹添加了分子钉等具有较强保湿效果的成分的美容液。

有点油，有点干——油性干燥肌。洗净皮脂并补充水分，可使用添加分子钉或玻尿酸的美容液。

不油也不干——中性肌。想要维持现在的好肤质，就别忘记补充水分的保养工作。

另外，肤质不只受到先天遗传影响，也会因后天的保养改变。也就是说，你的干燥肌也有可能是错误保养造成的。例如，使用不适合的卸妆产品就是其中一例。

我们常常会听见"混合肌"这个名词，其实并没有这样的肤质。如果只是因为 T 字部位和 U 字部位的肤质不同，就硬要说是混合肌的话，那么扣除少数整张脸都很油的人，其他所有人都是混合肌了。

皮肤瘙痒的对策

相信大家都有过同样的经验，有时候脸或身体会莫名其妙地痒起来。在日常生活中，瘙痒似乎是常见的皮肤问题，但在科学上仍未找到确切的真相。为什么会瘙痒？要怎么做才能减缓发痒的症状？这些都还是难解的问题。

严格来说，并没有所谓的止痒药。市面上的止痒药，其实是添加了抑制发炎症状和过敏反应成分的药。说穿了，它是间接止痒的药，并无法直接止痒。举例来说，刮起强风时，直接以屏障来挡风是最快的方法。但当我们无法做到这点时，便会考虑强风是地面的温度上升而造成，就只好先为地面降温。虽然觉得很无奈，但是医学上只能做到间接应对的方式，只能稍微减轻瘙痒的感觉，但无法立刻停止瘙痒的症状。

有很多人苦于皮肤的瘙痒问题，却无法简单地用药解决。

瘙痒的原因有很多种。可能是异位性皮炎或者麻疹等皮肤病，甚至压力大也可能是瘙痒的原因。

唯一的共同点就是如果一直抓它，不仅会伤害皮肤，还会变得更痒，抓痒只会陷入恶性循环中。因此，想办法不去抓是很重要的。瘙痒的感觉会因温度增加而更严重，所以不要花太多时间在洗澡上，也要减少跟酒精打交道。另外，皮肤干燥和衣物的刺激也会让瘙痒症状恶化，保养工作也得做好才行。

一整天下来就算少有瘙痒的症状，但只要突然痒起来的时候，就会失去专注力。所以， 可以观察自己多是在什么时间点会感觉瘙痒，再尽量想办法不去诱发瘙痒症状。

如果这样还是无法抑制瘙痒症状的话，应尽早到皮肤科就诊。当然皮肤科也没有可以确实止痒的药，但医生或许能帮你找出瘙痒的原因，并利用类固醇制剂来抑制发炎症状，达到间接改善的效果。

拼命洗脸就可以洗掉黑头粉刺吗

用高价美白美容液来淡化黑斑，有效吗

按摩脸部，做脸部表情运动，可以改善皮肤松弛吗

用热毛巾敷眼促进血液循环，可以消除熊猫眼吗

眼霜能改善因保湿不足而产生的眼角细纹吗

无法改善的肌肤问题，
可能是保养失当！

拼命洗脸
就可以洗掉黑头粉刺吗

> 黑头粉刺并不是污垢，过度清洁反而会伤害肌肤。

黑头粉刺无法通过洗脸清除

在我的诊所里，因为毛孔问题前来看诊的人数最多，尤其是毛孔黑黑、毛孔粗大的烦恼最为常见。

造成毛孔黯沉的原因是粉刺，它是毛孔里的皮脂和老废角质细胞的混合物生成的。再怎么用力清洁或是敷粉刺面膜来拔除粉刺，也无法达到彻底清除的效果。并非你的保养不足，从肌肤构造的角度来说，它本来就是不可避免的现象。

毛孔深处有皮脂腺，它会不断地分泌皮脂，所以我们的毛孔中随时都存在着皮脂。这就像是嘴巴里随时都有唾液一样。在毛孔表面的四周，当肌肤表层剥落的老废角质跟皮脂混合，就会形成所谓的粉刺。

粉刺是自然形成的东西，并不是污垢。虽然用粉刺面膜可以吸附拔除粉刺，但粉刺还是会不断地生成，所以这么做只是陷入无止境的循环中罢了。想象你吐出一口唾液，但是口中的唾液仍会不断分泌，粉刺也是一样的道理。

有的人虽然毛孔黯沉，却不一定是粉刺造成的毛孔阻塞。毛孔里面就算没有东西，也会看起来黑黑的。如同鼻孔看上去是黑的一样，这只是因为影子的关系，所以看起来有泛黑的感觉。

如果没有污垢阻塞毛孔，却拼命想清除污垢，而每天用力揉搓洗脸、频繁使用粉刺清除面膜等，才造成了很多人肌肤受损。

依照毛孔类型对症下药

为什么大家总爱用力洗脸呢？因为我们都天真地想要让毛孔看起来不再粗大。但是，就算拔除粉刺，毛孔也不会变小，只留下一个空空的洞而已。

所以，清除毛孔污垢就能紧致毛孔的错误认识，使大家用了错误的方法，当然就不会有好的结果，反而不停地伤害了肌肤。

怎么做才能真正达到紧致毛孔的效果呢？毛孔粗大又分为几个不同类型，

应该要分别对症下药才行。

草莓型

　　粉刺堆积在毛孔中，在肌肤表面形成一颗颗突起的东西。这大多是皮脂分泌过盛的肤质会出现的现象，但也可能是错误的保养方式所导致的，例如早上不洗脸、只用卸妆乳洗脸等，这都会使皮脂过度累积，形成草莓鼻。有草莓鼻的人，早晚都应该用洁面皂洗脸，适度清除皮脂才是当务之急。如果这样还是无法清洁干净，可以试试酵素洁颜。若使用磨砂膏反复按摩搓洗，反而会因过度摩擦而产生斑点，千万要注意。

　　可以拔除粉刺的粉刺面膜，大概两周用一次即可。因为粉刺面膜是强行吸

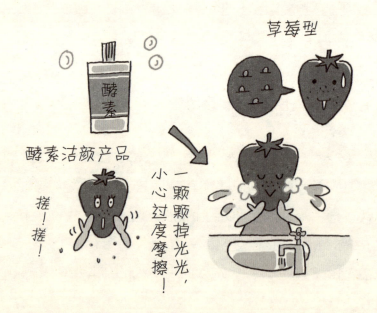

黏拔除粉刺的产品，使用频繁的话，毛孔会因为刺激而变得更加粗大。有少量的粉刺是正常的，有些人就算认真保养也会长粉刺，所以不需要过度操心。

橘子型

过了20岁之后，毛孔比以前粗大，普遍就是这种类型。形成的主要原因是"松弛"。

肌肤真皮层里的胶原蛋白失去弹性而皮肤出现松弛，就无法支撑毛孔，使得毛孔逐渐粗大。这种毛孔会呈纵向长条状，有如泪滴的形状，所以也称为"泪滴形毛孔"。

也许你会想，怎么可能才过20岁就老化了。其实，肌肤老化从20岁就开始了。在生物学上，人的身体发育在16岁左右趋于完整，女性的生理期、具备

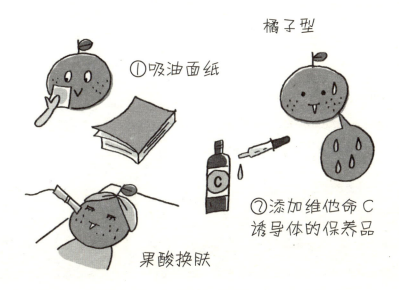

橘子型

①吸油面纸

②添加维他命C诱导体的保养品

果酸换肤

的生育能力都是发育成熟的现象。因此，16岁以后，身体跟肌肤都放慢生长的速度，这时老化也就开始了。其中一个明显的证据就是，有的年轻人在20岁时就有松弛毛孔的现象。橘子型毛孔（松弛毛孔）的有效保养有下列3种：

用吸油面纸吸除肌肤表面的油脂：放任浮在肌肤表面的皮脂不管，它会氧化形成过氧化物质，加速肌肤老化，使毛孔粗大的现象更严重。脸上有油亮感时，就用吸油面纸吸掉吧！有人说吸油面纸会过度清除皮脂，其实没有那么夸张。只不过，千万别拿一般面纸来擦脸吸油，因为面纸的纤维会伤害肌肤。

使用添加维C的保养品：维生素C能增加真皮层中的胶原蛋白，并且稍微有抑制皮脂的作用。其中，磷酸型维生素C诱导体、棕榈酸型的维生素C诱导体最能渗透到肌肤内部。在美容皮肤科有种叫做"离子导入"的疗程，它是利用电气的特性，将维生素C导入渗透到真皮层里。现在，市面上就有卖在家就可以使用的导入器，大家不妨可以试试看。一周使用一两次，应该就有毛孔紧致的效果。

果酸换肤增加胶原蛋白：果酸换肤可以增加胶原蛋白，同时紧致缩小毛孔。有的人会自己购买果酸类护肤产品在家使用，但如果能在美容皮肤诊所接受专门治疗，效果会更显著。

脸部泛红

此类型的人大多是脸部偏油，并且容易泛红，在十几岁时饱受青春痘的烦恼，从初中时期就开始产生毛孔粗大的现象，这就是因为遗传造成的毛孔粗大肤质。

由于遗传，皮脂腺天生就比较粗大，所以不管怎样，毛孔都会比别人明显。虽然这种毛孔类型是天生的，但可以试试跟松弛毛孔相同的保养方式，毛孔就不那么明显了。

正确解答

毛孔对策

① 早晚用洁面皂洗脸，清除肌肤皮脂，也可使用吸油面纸。

② 拔掉粉刺也无法紧致毛孔，所以不可过度清除粉刺。

③ 松弛毛孔可使用添加维生素 C 或果酸成分的护肤保养品。

星期二

用高价美白美容液来
淡化黑斑，有效吗

斑点的危害不小，一定要学会见招拆招！

美白美容液对斑点无效

每年春夏季节一到，许多美白产品就纷纷出笼。有很多产品甚至标榜"最新一季美白再进化"，我可以理解大家充满期待的心情。可惜的是，由于日晒造成的斑点，大多是无法用美白保养品去除的。根据斑点种类的不同，美白产品的效果也会不同，所以应该先具备基本的保养概念后，再选择适合的产品。

对于大多数女性来说，最困扰的斑点是"老年性色素斑"，它是由紫外线造成的。这类斑点在形成初期，呈现淡淡的咖啡色或黑褐色。因为肌肤底层的黑色素沉淀，才会形成我们所看到的斑点。但是，如果斑点继续曝晒在紫外线中，皮肤的构造也会跟着慢慢起变化。利用显微镜观察已成形而且颜色较深的老年性色素斑的内部，会发现不只是黑色素大量增加，皮肤表皮也变厚了，显然肌肤的构造已经产生了变化。

美白保养品的功用是要抑制肌肤中黑色素的生成，但它并不能让已经变化的皮肤构造再回到原来的样子。这就是说，它无法淡化老年性色素斑。

就像是食物汤汁滴到桌巾上所形成的污渍，你可以用洗涤剂将它清除；但如果是被香烟碰到而烧焦变成黑点，烧焦的布料早已变质了，那块黑点是永远也无法去除的。老年性色素斑也是同样的道理，如果皮肤构造本身已经改变了，那么再怎么努力减少黑色素的产生，也无法淡化斑点。

有些斑点仍可以有效去除

难道美白保养品就真的毫无意义了吗？其实并非如此，斑点又分成很多种类，其中有的斑点是可以用美白保养品去除的。

在下一页的表格中，我简单介绍了几种常见的斑点，并说明美白保养品对它的功效以及其他的治疗方法。从表格中可了解，相对于涂抹美白产品，对于治疗某些斑点还有更快速、正确的方法，那就是镭射治疗和果酸换肤。如果难以判断自己的斑点是属于表格中的哪一类型，可以到美容皮肤科看看。

名称	斑点成因与外观	美白保养品的效果	其他有效的治疗法
老年性色素斑	黑斑中最为常见的类型，主要是因紫外线所造成的，多出现在颧骨处较高的地方，呈现1厘米大小的圆形色素斑。初期是淡淡的褐色，随着肌肤构造慢慢改变，斑点的颜色会加深并有明显的轮廓。多年以后，也可能会像痣一样成颗粒状突起。	对刚形成的斑点有效，一旦颜色变深则无效。	镭射治疗
肝斑	女性荷尔蒙失调所引起的斑点。通常对称地长在左右两侧脸颊上，呈现不规则形状，有咖啡色或灰色等各种颜色，也有人会长在额头或鼻子下方。怀孕、更年期或服用避孕药时，容易生成此类型的斑点，请特别注意。	肝斑专用的口服药效果显著。	傅明酸口服液（数个月见效）
雀卵斑	也称作雀斑，是遗传性的斑点。呈现极小的咖啡色斑点，不规则分布在鼻子四周。如果仔细看每颗斑点呈现三角形或四角形。	可涂抹保养品和化妆品使斑点变淡，但无法彻底去除。	镭射治疗（复发可能性大）
发炎性色素沉淀	皮肤的伤口或湿疹发炎的疤痕所形成的斑。好发于青春痘、割伤、烫伤或蚊虫咬伤的伤疤上，持续性的除毛会使毛孔周围显得黯沉，这也是一种发炎性的色素斑，会随时间渐渐淡掉，但等到斑点消失要花2～3年。	对脸部斑点有效，而对身体斑点，若不一并用果酸换肤，较难有明显的效果。	果酸换肤可立即见效
脂漏性角化症	原本平坦的斑点像痣一样凸起来，是老年性色素斑演变成的。细看可见表面呈疣瘤状的一粒粒突起。出现在手背的咖啡色斑点多是这种类型。	保养品几乎无效。	镭射治疗
花瓣状色素斑	曝晒于强烈紫外线下突然晒伤之后从肩膀到背部所形成的小斑点，近看像是花瓣形状。	保养品几乎无效。	镭射治疗

　　像老年性色素斑这类皮肤构造已经改变的斑点，仍可利用镭射治疗有效去除，将发生变化的皮肤构造整个除去，再替换恢复到正常肤质的治疗。

　　而果酸换肤则是除去肌肤表面的角质，促进肌肤的代谢以排出黑色素。它对那些形状不规则的片状斑点特别有效。25 岁以后，因为肌肤的代谢功能下降，导致黑色素也容易囤积在肌肤里。只要加速代谢，不仅可以去除已生成的黑斑，还能有效抑止将来出现黑斑的可能性。另外，果酸换肤也可以活化胶原蛋白，进一步改善毛孔粗大与小细纹的问题，实在是一石二鸟。市面上也有卖可以在家自行使用的果酸换肤产品，如果想要立即见效，可以到美容皮肤诊所接受治疗。

美白保养品可预防黑斑

　　可能有人会想，如果美白保养品无法去除黑斑，那干脆就别擦了吧！其实也不尽然。无论是谁都会有长斑的一天，没有人是一辈子都不长斑的。所以为了预防，仍然有使用美白保养品的必要性。

　　美白成分有维 C 诱导体、熊果素、甘草精华、洋甘菊萃取物等多种，它们都有预防黑色素生成的效果。每天在脸上涂抹含有这些美白成分的保养品，可以延缓新斑点的生成。

　　不过，重要的是必须挑选含有一定浓度的美白成分的保养品。有很多保养品标示着"美白"，假美白之名进行贩卖，却完全不含美白成分，就算擦了这种保养品也没用。可以从成分标志来判断选择，如果看不懂的话，就选择标明"药用化妆品"、且注明了"预防黑斑、雀斑"的产品吧！

至于添加的美白成分的比例，美容液和乳霜所含的浓度应该比化妆水高。有些美白面膜里也会添加一定浓度的美白成分，但是高价产品每天使用的话，对你的钱包也是一个挑战。因此，美白保养品可以从美容液或乳霜类产品下手，挑选可以每天放心使用、价位也不会那么高的产品吧！

正确解答

美白对策

① 先了解自己的斑点类型，再对症下药选择适合的保养、治疗方法。

② 预防长斑可以每天涂抹美白保养品。

③ 比美白化妆水有效的是美白美容液和美白乳霜，必要时可用果酸换肤。

认识斑点的种类

老年性色素斑

肝斑

雀卵斑（雀斑）

发炎性色素沉淀

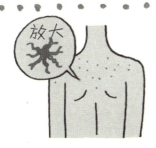

花瓣状色素斑

脂漏性角化症

按摩脸部，做脸部表情运动，可以改善皮肤松弛吗

> 严禁拉扯皮肤，这样只会加重松弛现象！

不要赶搭按摩热潮

用按摩来预防松弛的保养方法从以前就开始了，最近这股热潮更是卷土重来。这种保养的特点是运用手指头施加稍强的力道来按摩，现在也有贩卖各式各样的专用按摩霜。

要与年龄对抗地心引力，除了使用保养品也要靠自己按摩，似乎这样做才算是积极的保养方法，这也就是按摩流行的理由。而且在家里自己按摩又不需要花钱，也难怪大家会一窝蜂赶搭这股热潮。但是，如果仔细想想肌肤的构造，就可以知道这种力道稍强的按摩方式，对肌肤形成的负担是很大的。

拉扯肌肤是弹力纤维松弛的导火线

胶原蛋白与弹力蛋白等蛋白质所形成的纤维网，像密网一样遍布在皮肤的真皮层里。这些纤维如橡皮筋一样可维持肌肤的弹性，但它们也会随着时间慢慢松弛老化。就像是一件新的内裤，原本弹性十足的松紧带，在每天穿脱时不断拉扯伸缩下，就会渐渐变得失去弹性，甚至断掉。老化的胶原蛋白和弹力蛋白在拉扯中变得松弛、断裂，就是肌肤细纹和线条松弛的原因。所以按摩、拉扯那些已经失去弹性的纤维，只会让它更加衰退，更快断裂而已。想要预防松弛的现象，最好的方法就是尽量别把这些负担加在胶原蛋白和弹力蛋白上。

而做出夸张表情的脸部运动也一样，只会对肌肤的纤维造成莫大负担。重复做出很夸张的表情，表情纹也会跟着加深。持续不停地做，肌肤的纤维就会持续断裂而无法回复，结果使皱纹更明显。

达到美肌效果的按摩

按摩是要促进皮肤的血液循环，刺激真皮层中的毛细血管的功能，加速血流速度，活化血管到皮肤间的养分传递，防止干燥与老化。正确按摩的重点是不要拉扯到皮肤。均匀擦上一层美容液后，沿着肌肉线条，以画圈方式轻轻滑动指腹。

有人会使用按摩霜，但是按摩结束后，擦去按摩霜的动作，又会对肌肤形成负担，所以只要在涂抹美容液时顺便按摩就可以了，也可以选择添加维生素诱导体或抗氧化作用成分的美容液，因为它们同时也具有抗松弛的效果。用手指头按摩的人，如果担心无法控制力道，可以试试有超音波的按摩器。

锻炼脸部表情请用专用器具

想要防止松弛，锻炼表情肌也是有效的。正确地说，身体中的肌肉通常是附着在骨头上的，骨头牵动身体做出动作，但表情肌却直接附着在皮肤上。因此，一旦表情肌开始松弛，皮肤也会跟着产生松弛。尤其是双下巴与嘴角下方，害怕松弛的人可从锻炼口部肌肉下手。

但是，锻炼脸部肌肉需要专用器具，故意做出夸张表情是不行的！可选择咬在嘴巴里面的瘦脸牙套，来强化嘴角四周的肌肉。而适合全脸使用的低频震动美颜器，则可以在不加深表情纹的情况下达到肌肉运动的效果。

正确解答

对抗松弛

① 可使用添加维 C 诱导体或抗氧化作用的美容液轻轻按摩。

② 使用锻炼嘴巴四周肌肉的专用器具和低频震动美颜器也能

　　达到效果。

按摩的顺序

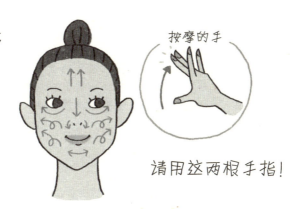

按摩的手

请用这两根手指！

重点……绝对不要拉扯到皮肤！

星期四

用热毛巾敷眼促进血液循环，可以消除熊猫眼吗

找出形成熊猫眼的原因并且做针对性的正确保养，才有效！

三种类型的黑眼圈

青眼圈型：静脉血液流动不畅通

疲倦的时候，眼睛附近的血液流速会变慢停滞，透过薄薄一层的眼皮看上去，就像是一圈淤青。另外，有手脚冰冷症状（寒性体质）的人，因为血液循环不良，常会出现这种现象。随着年龄增长，皮肤会变薄，有的人就算不是处于疲惫状态，青眼圈也会一直跟着她。

黑眼圈型：浮肿及松弛造成

浮肿及松弛造成下眼皮的皮肤因为下垂松弛产生阴影，看上去就像黑黑的一圈。等到年纪一大，眼睑的皮肤变薄，无法再支撑皮肤内的脂肪时，它们会凸出变得更加明显。下眼皮会因此产生黑色阴影的感觉，看起来就黑黑的一圈，也就是熊猫眼。如果浮肿变得更严重时，黑眼圈也会更明显，而这类眼圈的比例所占最多。

褐眼圈型：斑点及黯沉所引起

眼睛下方长出的小斑点牵连在一起，看起来可能就像黑眼圈一样。另外，揉眼睛的习惯或者眼睛附近常常长湿疹，会容易使眼皮的角质层变厚。当较厚的角质变黯沉时，看起来就像是茶褐色的黑眼圈，所以又称褐眼圈。

判别眼圈种类，找出正确保养方法

如果从外观或成因，都无法判别自己的黑眼圈是属于上述哪一种，这里提供一个简单的判定方式。青眼圈型：大部分与遗传有关，只要使用遮瑕膏，就可以盖住这种黑眼圈。黑眼圈型：把头往上仰并拿镜子照一下，如果黑眼圈变得不那么显眼，就属于黑眼圈型。这是因为浮肿会受重力影响，只要往上仰就会好一点。褐眼圈型：如果把头往上仰眼圈也不会变淡，睡眠不足眼圈也不会变深的话，应该八九不离十就是褐眼圈型了吧。有人会出现同时具有两种现象的黑眼圈，也可能三者皆有。

了解黑眼圈的成因后，接下来的课题是找出正确的保养方式。

青眼圈型

我建议使用含有维 C 诱导体和维 A 的保养品，以补充胶原蛋白。抗皱保养品中多含有维生素 A，选择这类产品也能轻松对付青眼圈。当然，果酸换肤也是有效的。另外，如果想改善手脚冰冷的体质，应该适度运动，并且尽量不碰冰冷饮食和香烟。也可以沿着眼窝的骨头按压穴道。用毛巾热敷就只有暂时性的效果。

黑眼圈型

黑眼圈应该想办法改善松弛，和青眼圈一样，要增加胶原蛋白。另外，容易水肿的人，要控制冰冷食物和盐分的摄取。尽管如此，这类型的黑眼圈也很难彻底改善，有黑眼圈苦恼的人，可以考虑接受消除眼周围水肿的手术，这不失为一个好方法。

褐眼圈型

可参照对付斑点的方式，使用美白保养品。果酸换肤也有效，但容易长湿疹的人应该先到美容皮肤科看诊，询问医师的意见后再作决定。

正确解答

改善熊猫眼

① 青眼圈要增加肌肤的胶原蛋白和改善寒性体质。

② 黑眼圈可增加肌肤的胶原蛋白和预防水肿。

③ 褐眼圈可使用美白保养与果酸换肤（咨询皮肤科医师）。

星期五

眼霜能改善因保湿不足
而产生的眼角细纹吗

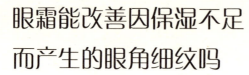

皱纹成因并不是干燥，而是真皮层的胶原蛋白失去弹力。

加强保湿也无法消除深入真皮层的皱纹

很多人误以为皱纹是因为干燥才形成的。冬天一到，在我的诊所，每天都有很多患者跟我诉苦："因为皮肤干燥，细纹更明显了。"

的确，肌肤干燥时，表面就会产生淡淡的小细纹。这类型的小细纹只要做足保养工作，或者洗完澡以后就会自动消失。可惜，大部分女性们所烦恼的并非是这种小细纹，而是已经深入到真皮层内的深层皱纹。

所以，针对这类皱纹，我们要做的已经不仅仅是保湿了。

表情纹生成的原因

　　胶原蛋白纤维像是密网一样密布在真皮层里，如同橡皮筋一样的胶原蛋白，只要弹性足够，按压肌肤之后它仍会自动回复，大笑也不会形成表情纹。好比是新买的皮鞋还具有弹性，穿时形成的皱褶，只要在脱下鞋子后就会自动不见。

　　但是，胶原蛋白会因为紫外线及活性氧的影响，随着年龄增长而逐渐失去弹力，并慢慢变得干硬。而同一处肌肤重复做出脸部表情，会在日积月累下刻画出表情纹。就像是一双皮鞋穿了几年后，皮革表面的皱褶也会愈来愈深。每一次穿脱时，总是会压折到同一个地方，皮革就渐渐变旧、变硬、失去光泽，这些都是皱褶形成的原因。而脸上皱纹形成的道理就跟皮鞋是一样的。

　　不过，肌肤毕竟和皮鞋不同，它是有生命力的活性组织，会自动进行新陈代谢。因此，年轻的肌肤会不停再生胶原蛋白，常常受到压折处的表情纹会自动消失不见。但是，过了 40 岁以后，随着女性荷尔蒙减少，胶原蛋白的再生能力会开始急速降低。接近 50 岁时，胶原蛋白的新生能力竟是趋近于零的状态！到了这个年纪，就像是同一双皮鞋穿了 10 年、20 年，皱纹只会愈来愈深了。

阻止皱纹加深的方法

　　为了防止已经出现的小细纹继续变深，除了努力预防胶原蛋白的老化外，也必须增加新的胶原蛋白。首先，要做好防晒措施，勤擦粉饼，谨慎对付会破坏胶原蛋白的紫外线，使用添加抗氧化成分的保养品也是不错的选择。

然后，为了提高新胶原蛋白的再生力，可以使用含有维 C 诱导体或维 A 的保养品。因为表情纹会产生在脸部的任何地方，所以应该仔细涂抹于全脸。另外，果酸换肤可以去除老废的肌肤细胞，提高肌肤的新生能力，对于胶原蛋白的再生也有显著效果。

可能有人认为，要增加胶原蛋白，直接涂抹、饮用胶原蛋白就好了。但是，把胶原蛋白拿来涂或者喝，它也不会变成肌肤里面的胶原蛋白。

涂抹型的胶原蛋白因为分子颗粒较大，无法被肌肤吸收。最近已研发出分子颗粒较小的微胶原蛋白和纳米胶原蛋白，但就算它们能够渗透到真皮层内，毕竟仍不是肌肤本身的胶原蛋白，所以还是会被身体守门员视为外来物质，而无法成为真正的胶原蛋白。

另外，保养品内含的胶原蛋白，大多是从海鱼身上提炼得来的（海洋胶原蛋白），严格来说，这和人体的原蛋白构造不同，这就是它无法直接变成我们肌肤中胶原蛋白的原因。就算喝了胶原蛋白，它也只能在体内消化，转变成氨基酸。所以，它并不会以胶原蛋白的形式被人体吸收，自然就不会成为肌肤内的胶原蛋白了。

但是，有人会说，吃了胶原蛋白火锅，隔天早上醒来觉得肌肤变得细致光滑，这又是怎么一回事呢？其实说穿了只是心理因素造成的。吃了就会变漂亮的期待心情，其实也会大大影响女性的肌肤。这并非无稽之谈，因为只要我们保持愉快的心情，人体就会分泌脑内啡，对肌肤具有很好的作用。再进一步说，火锅的热气会帮助肌肤保湿，让皮脂浮出表面，同时吸收大量的盐分，因此脸部肌肤会产生些许水肿而暂时抚平细纹，这也是不无可能的。

　　如果我们姑且相信，火锅内的胶原蛋白真的会变成肌肤的胶原蛋白，那至少也要花上好几年的时间，不可能在隔天早上就立刻变得光滑细嫩。若真的想要增加胶原蛋白，不应是直接摄取胶原蛋白，而要利用维 A 或维 C 诱导体的果酸换肤方式，从外进行保养才是有效的对策。

正确解答

小细纹对策

① 彻底预防紫外线，使用抗氧化的保养品。

② 促进胶原蛋白的再生，可在全脸仔细涂抹添加了维 C 诱导体或维 A 的保养品。

③ 定期的果酸换肤也很有效。

肌肤年龄和女性荷尔蒙的关系

永葆年轻肌肤的关键——雌激素

有句话说："卵巢年龄就是肌肤年龄。"这句话表明我们的肌肤深深受卵巢分泌的女性荷尔蒙的影响。

生育小孩不可欠缺的女性荷尔蒙，可大略分为雌激素（卵巢荷尔蒙）和黄体酮（黄体荷尔蒙）。其中，雌激素可以增加肌肤的水分，并有助于维持肌肤弹力及紧致度的胶原蛋白的生长，它是让肌肤保持年轻的一个关键。另外，它也有保持头发丰润亮泽的作用，可说是葆青春的荷尔蒙。

雌激素在青春期时开始增加，到 20 岁之后达到巅峰，40 岁以后就开始走下坡，并随着停经而急速减少。所以女性在停经之后，肌肤状况会突然变糟，甚至发量也变少，这就是雌激素减少的关系。

不必要的减肥会使女人衰老

如同前面所提过的，如果想要永葆肌肤的青春，就得努力别让最重要的雌激素减少，还要留心注意自己的身心健康。

卵巢是生育新生命的器官，所以当健康出现问题时，可能会造成卵巢及女性荷尔蒙的功能降低，甚至可能不能生育宝宝。

测量自己的女性荷尔蒙是否达到正常水平，就要注意你的生理期是否规律正常。最近有很多新增案例，都是因为减肥不当和过度运动，造成年轻女性生理期停止或月经不调。不吃肉类的偏食习惯以及心理压力也都会引起月经不调。我们应尽量避免这些引发内分泌失调的因素，并在发现生理期紊乱时到妇科看诊。

另外，摄取跟雌激素有类似效用的大豆加工食品，也是不错的选择。每天食用半块豆腐、一杯豆浆或一小盘纳豆，都是不错的选择。靠营养食品补充虽然安全，却容易有摄取过量的危险，应该特别小心才是。

星期天

让你七十二变的美容疗程

镭射和果酸换肤可对抗黑斑、皱纹、毛孔粗大

在美容皮肤科诊所里，镭射或果酸换肤等针对肌肤的疗程，已经越来越普遍了。不同于以前的美容外科，现在的美容皮肤科可以不动手术刀，就让我们的肌肤变得更漂亮、更年轻。

那么，美容皮肤科能提供的疗程究竟有哪些呢？以下将作简单的说明。

镭射： 除皱的镭射治疗，手术后一周左右会结痂，化妆时要避开结痂的地方。另外，也可利用镭射除疤或者痣。

果酸换肤： 能让肌肤整个更新的治疗。针对不规则状、范围不一的斑点、眼角细纹、毛孔粗大等，都有不错的效果。尤其是称做"水杨酸"的化学药剂，它对痘疤的去除十分有效。通常一个疗程要做5次以上。手术后可照常化妆、外出，但是，利用甘醇酸的果酸换肤，在几天后肌肤会比较干燥，甚至出现脱皮的现象。

玻尿酸：将药剂注射入细纹形成的地方，可以让皱纹不再明显。效果可持续半年至一年，对淡化法令纹的效果最显著。手术后不会产生肿胀的现象，但因为有皮下出血的情形，淤青的状态可能会持续10天左右。

肉毒杆菌：在额头或眼尾注射肉毒杆菌，可以缓和表情肌肉的动作生成的皱纹。但是如果注射过量，额头负重过大就会头痛，所以第一次尝试的人少量为宜。效果约可持续4至6个月。此疗程也可以用来治疗腋下等处的多汗症。

大忙人也能轻松做的 10 分钟保养

常常听到很多人说："我没时间保养该怎么办？"其实，并不是要花很多时间来保养才叫做真正的保养。只要抓住诀窍，早晚各花 10 分钟，也能轻松做好保养工作。

早上醒来，先用温水及洁面皂洗脸。因为残留在脸上的皮脂会造成肌肤老化，所以一定要彻底清洗干净，只用 3 分钟就绰绰有余了。然后，用双手轻轻地在脸上按压化妆水（最好添加了维 C 成分），接着马上涂抹充分保湿的美容液，这个步骤也不会超过 3 分钟。擦完美容液可能会觉得有点黏黏的，但只要等 15 分钟左右，美容液就会被完全吸收，可以利用这段等待的时间吃早餐或者换衣服。再来，有化妆习惯的人就可以开始化妆，而不化妆的人就刷上一点蜜粉来抵抗紫外线。不需要擦防晒油，只要轻轻扑粉就够了，所以也不会超过 3 分钟的。像这样做好早上的保养，无论是洗脸、保湿、抗 UV 的每一个步骤都不会超过 3 分钟，加起来只要有 10 分钟就能轻松完成。

晚上回家后，有上妆的人要彻底卸妆并洗脸，速度快的话，大概 5 分钟就能完成。接下来，就像早上的步骤一样，擦上化妆水和美容液，如果有恼人的肌肤问题，可以再加上美白美容液，或者涂抹对付小细纹的含有维 A 成分的乳液。这些都是简单的动作，3 分钟之内就能完成。最后，想要做集中保养的人，可以在洗澡的时候，顺便涂抹含有果酸换肤成分的保养品，就不需要再另外花时间保养了。

只要照着做，就能轻松达到保湿、抗 UV、抗老化的目的。其他例如敷脸、利用美颜器的保养等，可以等到有充裕时间时再进行。不过就算没有做，只要能使用渗透性好的含有维 C 的化妆水，也能达到大致相同的效果。

忙碌的人容易因为没时间保养肌肤而不知不觉怀着罪恶感或焦躁感。但是，肌肤真正需要的并不是时间，而是正确的保养方法！无法在 3 分钟之内完成洗脸步骤的人，要加紧练习哦！就像是煮饭做菜一样，动作越熟练就越快。

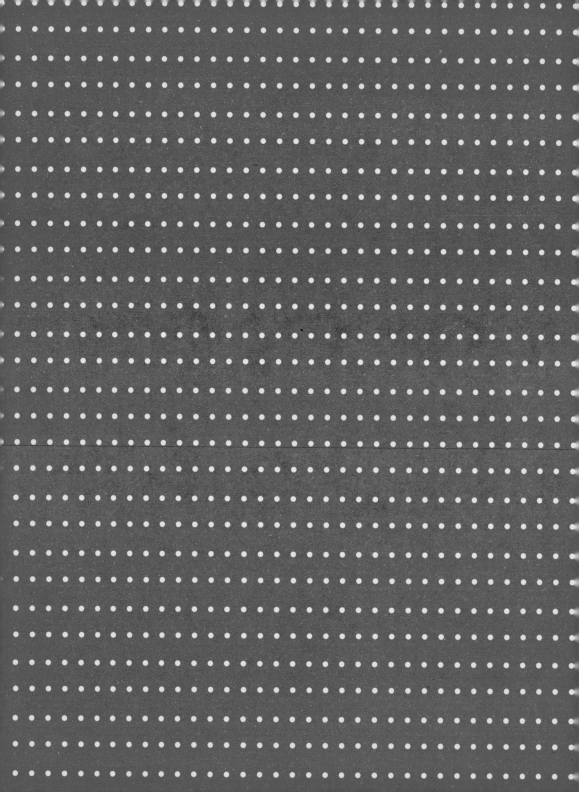

第4章
提升周

吃蔬果沙拉，喝蔬果汁，能补充肌肤所需的维生素吗

睡到自然醒可以改善肌肤黯沉吗

没事多喝水就可以促进新陈代谢、排除毒素了吗

一定要上健身房才能达到运动效果吗

泡澡泡到出汗可以加快肌肤的代谢速度吗

良好的生活习惯，
是完美肌肤的本源！

星期一

吃蔬果沙拉，喝蔬果汁，
能补充肌肤所需的维生素吗

吃蔬果沙拉、喝蔬果汁都不是聪明的维生素补充法。

蔬果主义是对肌肤不好的偏食行为

肌肤需要维生素，而一想到维生素，大家就会提到蔬菜和水果，这种想法促使很多人拼命吃大量的蔬果。另一种想法是蔬果加热之后维生素会被破坏掉，所以应该生吃蔬果才对。其实这里面隐藏了一个陷阱。以下是两位注重美肌保养的女性所开出的一日菜单。我们来比较一下哪一种饮食习惯对肌肤保养更有效。

玲子小姐的一日菜单，27岁，行政工作

早餐：水果、罐装果蔬汁

中餐（超市）：火腿蔬菜三明治、生菜沙拉、拿铁咖啡

晚餐（咖啡厅）：蛤蜊意大利面、套餐沙拉和汤

玲美小姐的一日菜单，31岁，业务员

早餐：土司、水煮蛋、咖啡

中餐（快餐店）：酱汁猪肉、白饭、马铃薯炖肉、牛蒡丝

晚餐：冷冻蔬菜锅贴、柚子醋淋氽烫蔬菜（金针菇、青花椰菜、高丽菜）、

白饭

玲子小姐的菜单，是虚有其表的蔬果饮食！

乍看她的菜单，三餐都摄取了丰富的蔬菜，但几乎都是生食。莴苣、小黄瓜等用在生菜沙拉里，食物纤维较少，大部分是水分而已。就算吃了高丽菜这类维生素较多的蔬菜，但在超市购买的话，大多是已经放了一段时间，里面所含的维生素早已经流失了。

另外，吃生菜的缺点还会因为菜叶体积较大，易有饱足感而无法一次大量摄取，又因为是寒凉性食物，会让血液循环变差。而淋在生菜沙拉上的调味酱料，所含的油脂和添加物（含有少量油脂的低卡路里调味酱汁，通常还含有

一些增加黏性的添加物）也是应该注意的陷阱。

早上依赖水果和罐装果汁来补充维生素，其中也有很大的问题。水果的确含有丰富的维生素 C，但糖分过多，又是寒凉性食物，反而容易发胖。蔬果汁在生产过程中要加热杀菌，所以维生素早已大量流失了。而有的蔬果汁会在加热杀菌后，再添加维生素成分，但那就已经不是源自蔬果本身的维生素了。

玲美小姐吃了各种颜色的烫青菜，大胜！

虽然玲美小姐的早餐没有青菜，但是中餐和晚餐已经摄取足够的烫青菜。而且蔬菜种类十分丰富，包含浅色蔬菜、黄绿色蔬菜、根茎类蔬菜等。

如果不想变成寒性体质，可以吃烫过的蔬菜来摄取维生素，虽然烫青菜多少会流失一些维生素，但还是比本身维生素含量就少的莴苣等生菜强多了。一天所需摄取的蔬菜量约为 100 克黄绿色蔬菜、200 克浅色蔬菜。但是，想要吃到这样的分量几乎不太可能，尤其是黄绿色的蔬菜。别觉得自己在家开伙是天方夜谭，可以利用冷冻食品，或者一次煮多一点，再把它冷冻保鲜起来，就算是一个人住也可以摄取到各类蔬菜。很多人会吃维生素营养补给品，但它毕竟不是天然的，所以吸收效果不好，不能替代蔬菜。无论如何都没办法自己开伙或者旅行在外的人，建议饮用绿色蔬菜打成的绿色蔬菜汁（青菜汁），其中富含大量的维生素哦！

正确解答

补充维生素

① 避开吃生的蔬菜，吃煮烫过的蔬菜。

② 每天约摄取 100 克黄绿色蔬菜、200 克浅色蔬菜。

③ 青菜汁比罐装蔬果汁更有效果。

一天的维生素补给所需的参考值

黄绿色蔬菜 100 克　　浅色蔬菜 200 克

烫过的蔬菜最赞！

旅行外出就以青菜汁来补充维生素吧！

星期二

睡到自然醒可以改善
肌肤黯沉吗

> 就算假日补觉可以消除疲劳，也不能补救工作日对皮肤的伤害。

睡眠不足，肌肤提前老化

日本人晚睡的情况一年比一年严重。由于计算机与便利商店普及的影响，大半夜还醒着的生活已经是司空见惯了，这使许多人有睡眠不足的问题。

平日睡眠不足，有的人会利用周末一次补回来。这种模式已成了许多人的习惯。就算身体的疲劳因为补觉而消除了，睡眠不足对肌肤却早就已经造成了无可挽救的伤害。相信大家都有过这样的经验，在睡眠不足的隔天早上，一定有人会问你："你很累吗？你该不会昨晚熬夜吧？"由此可见，睡眠对肌肤的影响有多么明显！相反的，即使没有吃晚餐，隔天也很少有人会问你："昨晚没吃饭吗？"因为吃下去的营养会暂时储存，一餐不吃也不会造成立即的影响，但是睡眠却无法如食物般暂存在体内。

　　肌肤再生细胞分裂，几乎是在我们睡眠时进行的。因此，睡眠不足会让隔天早上的肌肤状况，停留在前一晚的状态。这也就是睡眠不足的隔天，皮肤会变得黯沉和粗糙的原因了。尽管假日里大睡特睡一番，肌肤也无法预先把一个礼拜所需的更新再生做好。所以，睡眠不足会一点一滴延迟肌肤更新的循环，使肌肤提前老化。

保护美肌的正确睡眠法

　　到底怎样的睡眠才是对肌肤最好的呢？若以睡眠时间的长度来说，一天至少需要6个小时。在我们睡着之后的3小时内，身体会分泌生长荷尔蒙，使肌肤开始进行细胞分裂。身体内脏的再生和修复，也几乎在这段时间内进行。一天的肌肤再生，大约需要花上6小时，所以如果睡不满6个小时，疲累的状态就会写在脸上。

　　人有一种随日出而作日落而息的生理时钟，称做"日夜节律"。简单来说，人类是白天活动、夜晚休息的生物。如果违反这项定律，到了早上才睡，肌肤的再生就无法顺利进行。为了自己的肌肤，最迟也请在晚上12点半前就寝吧！

浅眠的对策

最近，睡不着的人似乎增加了。问问那些因为浅眠而无法确实消除疲劳的人，她们大多是长时间使用计算机工作，只有在上下班时才会走路运动。大脑已经很累了，但是身体因为缺乏运动而不感觉累，就无法取得平衡。因为睡不着而苦恼的人，可以在下班回家时试着走一个车站的距离再坐车，尽量活动身体。傍晚以后不碰含有咖啡因的东西，也有很好的改善效果。

另外，酒精和香烟进到体内数小时后，会分解转变成一种"觉醒物质"，使我们无法到达深层睡眠。而含维 C 的营养补充品，有时也会妨碍睡眠质量，这些在晚上都应该避免才是。固定时间上床睡觉、睡前不看电视或手机等明亮的画面，都是帮助睡眠的好方法。

正确解答

改善睡眠的方法

① 不用假日补眠，而每天最少睡 6 小时。

② 晚上最晚 12 点半上床睡觉。

③ 睡眠质量不好的人应多活动身体，并且在晚上避免摄取
   咖啡因、烟酒，不使用计算机。

12点半前一定要睡觉哦！

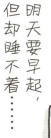
明天要早起，但却睡不着……

睁大眼睛

晚上不要碰酒精，香烟，咖啡！

星期三

没事多喝水就可以促进新陈代谢、排除毒素了吗

> 饮水过量会造成寒性体质，新陈代谢也会变慢！

喝水所排泄的老废物质仅是冰山一角

想要摄取水分，比起甜甜的饮料，更应该多喝白开水。这当然是正确的观念，但若因此而猛灌开水，其实对肌肤保养根本没有太大的帮助。

许多人误以为喝水可以净化身体，所以为了排出体内毒素，不断地灌矿泉水。有的人会每天固定喝 1.5～2 公升的矿泉水，甚至在办公桌上放一瓶家庭装，就算没觉得口渴，也仍是不停喝水。可是，从医学的角度来看，利用喝水来排除毒素，其实是毫无根据可言的。

喝多少水，就会排出多少尿液，但排泄出来的大多是盐分，它们是体内有限的不必要物质，至于其他所谓的"毒素"并不会因此而排出来。其实，毒素这种概念本身非常模棱两可。食品内含的有害物质会囤积在我们体内，但就是因为这些物质"无法经由流汗或尿液来排除"，所以才会一直累积在体内。能够随着流汗和尿液排出的东西，自然会每天不断代谢出来，所以自始至终都不会囤积在体内。大家应该了解到，想要靠喝水排尿或者做桑拿排汗排除体内毒素，这些都是无稽之谈。

口渴时喝水才正确

有时候，喝太多水反而会变成寒性体质，让代谢能力下降。另外，身体的运作机能毕竟有限，喝过多的水导致无法靠汗液与尿液完全代谢，剩下的水分反而会囤积在体内，造成水肿的现象。

所以，正确喝水的方式，应该是在感到口渴时才喝水，并且要一口一口慢慢地喝温开水，才不会让身体虚冷。

有关喝水的其他误解

在这个世界上，大家对"水"的信仰十分虔诚，所以有很多关于喝水的错误观念。以下将提出几个例子加以说明。

喝水可以拥有水润肌肤

喝下去的水会变成肌肤的水分——这是一个错误的想法。水分在进入体内之后，会被大肠所吸收并进入血液中，使用在需要的地方。所以，只有一定量的水分会送到肌肤中。而喝进肚子里的水不会直接渗透到肌肤底层，所以喝再多的水，肌肤也不会因此变得更水润。保持滋润肌肤是分子钉等细胞间脂质的工作，所以想办法增加分子钉，才能正确达到肌肤滋润的保养方法。

喝水会促进代谢，达到瘦身效果

还有一种错误观念是没有排汗就是新陈代谢差，而多喝水排汗就可以变瘦。水分和脂肪的代谢是完全不同的，只要没有燃烧脂肪，就无法变瘦。喝过多的水反而会让体质虚冷，使代谢效率变差。如果不想变胖，就要靠增加肌肉来提升基础代谢，这样才能更快燃烧脂肪。

正确解答

补充水分

① 口渴时才喝水。

② 避免喝冰凉的冷水，慢慢地喝温开水才是正确的方法。

咕噜咕噜
大口猛灌

温开水，慢慢喝！

呼

星期四

一定要上健身房
才能达到运动效果吗

> 不必特地上健身房，只要 10 分钟就能轻松做运动！

健走的好处

　　想维持美肌就要运动，听到这样的话，你脑海中会浮现什么画面呢？大部分的人应该会联想到上健身房，做瑜珈，以及打高尔夫球等，要特地空出时间，带着替换衣物去运动中心吧！其实，不必特地去运动中心或健身房，也有不花一毛钱就能轻松做到的运动，比如走路。对于那些坐在办公桌前，一整天都没有活动筋骨的人来说，健走（步行）就已经是足够的运动了。理想的标准是一周两天，一天约 30 分钟的健走。如果连这个标准也无法达到，至少试试走个 5 分钟、10 分钟也好，相信多少会有一点效果的。

但是利用下班回家的路上，穿着高跟鞋步行的方式，不仅会对双脚造成负担，更不用期望它有什么运动效果了。健走的条件是必须穿上休闲运动鞋，手中不要提行李，改成后背式的包包，快步走才会有确实的效果。健走的功能有下列几项：

● 健走是全身性的运动，可以锻炼背部及双脚等体内的大块肌肉，提升
  基础代谢而变瘦。

● 血液循环变好后，头痛、肩膀酸痛、腰痛就会自然消失。

● 可解决手脚的水肿问题。

● 能改善便秘。

● 改善手脚冰冷的症状，告别皮肤黯沉和黑眼圈。

● 帮助分泌脑内啡，让你心情开朗，保持正面积极的态度。

现代女性的身体毛病来自缺乏运动

计算机和网络的普及，造成女性因为运动量不足而产生一堆严重的毛病。如果几乎一整天都坐在计算机前面，活动身体的时间只有办公室到家的这段距离，长时间持续这种生活模式，会因为血液循环不良而形成黑眼圈，以及下半

身水肿而出现脂肪圈，甚至出现易胖体质等种种问题。长时间维持同样的姿势，造成慢性的肩膀僵硬及腰痛，而眼睛疲劳导致头痛，最糟糕的是造成寒性体质和便秘。也有人因为这些毛病而出现烦躁、忧郁、睡眠质量不佳等，进而影响到心理层面。

有的人为了改善上述问题，会去做按摩放松或者长时间泡澡，但这么做都是治标不治本。想要改变身体状况，就只能靠运动了。可能很多人会感到意外，运动竟然能治疗慢性疲劳。尤其是坐办公桌的人，因为过着没有运动的生活，血液循环不佳就会容易累积疲劳。若假日时稍微做运动，能改善血液循环，让身体更轻盈，睡眠质量自然也会变好。平常工作太累了，假日只想懒散度过——如果你是抱持这种想法的人，请赶快下定决心动一动吧！

平时也可以一心二用做运动

除了健走，在日常生活中，只要你有心，其实随时随地都可以活动身体。利用上下班和走路的时间，搭车时一定要站着，放弃乘电梯改走楼梯，在家里坐着看电视或讲电话时，也可以把双脚重复地抬起放下，就能消除水肿现象，刷牙、洗碗、晾衣服时，可以用脚尖站立，并且重复做抬高、放下脚后跟的动作。

正确解答

适合大忙人的运动

① 试着开始一周两次，一次 30 分钟的健走。

② 办公桌生活开始带来疲累时，就赶快运动吧！

③ 日常生活中也可以一心二用做运动。

用脚尖站立

星期五

泡澡泡到出汗就可以
加快肌肤的代谢速度吗

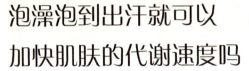

泡澡时流多少汗都不能促进肌肤代谢！

泡澡神话如同梦幻泡影

应该没有女性同胞不喜欢泡澡的吧！泡热水澡有消除肌肉疲劳的效果，也可以得到放松，除此之外，许多人相信泡澡还具有美肌效果，而且对它抱以极高的期待。其中最夸张的期望就是：泡热水澡能够大量排汗，就会促进新陈代谢而变瘦。问了几位来看诊的患者，甚至会得到一些奇怪的答案，像是"泡澡时流汗，体内毒素就能随之排出"、"泡澡流汗的同时会带出毛孔污垢，肌肤必然水水嫩"等。大家对泡澡这件事的过度期待，其实已经到了有点夸张的境界。

首先，为什么很多人会觉得泡澡流汗能促进新陈代谢而瘦身呢？泡在热水里面，体温升高就会流汗，这跟运动后的状态其实很类似，所以你因此以为这可以促进代谢。但泡澡时流的汗和运动流的汗，在本质上仍是不同的东西。

我们为什么会流汗呢？主要的原因是要降低过高的体温。运动完所流的汗，是要排出消耗体内能量时（脂肪燃烧时）所产生的温度。但是，泡热水澡所流的汗，是因为热水从体外提高了身体的温度，所以才会靠流汗来降温。因此，它跟脂肪的燃烧没有直接的关系，也就谈不上瘦身了。

而认为泡澡流汗能排除体内毒素，那就更不可能了。流汗时排泄出来的东西，仅限于盐分等极少量的不必要物质，并不会排出毒素。

最后，关于"泡澡流汗同时带出毛孔污垢，肌肤就会水水嫩"的想法，我大概可以体会那种心情。但是分泌汗液的汗腺和称做皮脂腺的毛孔，根本没有半点关系，所以当然无法靠流汗来清洁毛孔啦！

为了能大量排汗，许多女性拼命做半身浴的泡澡，现在你应该了解这都是错误观念了吧？半身浴的泡澡的确能够大量排汗，但那只是单纯地流汗，并不会因此而改变，肌肤也不会变得水当当。

正确的泡澡方式

正确的泡澡是使用 40 度左右的热水，采用全身浴的方式浸泡约 10 分钟。

长时间泡在热水里，不但会变成容易流汗的体质，肌肤也会变得干燥，所以恰到好处即可。只需要 10 分钟左右就可以完全消除疲劳，并达到放松的效果。

另外，不要为了泡澡而缩短或牺牲自己的睡眠时间。真的为肌肤着想的话，晚归的日子就舍弃泡澡，直接淋浴后赶快就寝吧，或者是隔天早上起床之后再淋浴洗澡也可以。想要提升代谢效率的话，还是只能靠勤劳运动了。动动自己的身体来流汗，新陈代谢自然就会提升，像泡澡这种不是因为运动而流的汗是没用的。

正确解答

聪明泡澡

① 长时间泡澡和半身浴都不好，10 分钟的全身浴刚刚好。

② 晚归的日子不需要勉强泡澡，确保足够的睡眠时间才最重要。

③ 想要促进新陈代谢，不能靠泡澡，应该要运动。

加班的日子

好晚了哦，今天真是累死了……

半身浴是美肌的第一步！

隔天早上……

快！快！要迟到了！

星期六

压力引发肌肤问题！

压力会造成肌肤干燥粗糙

　　有许多女性担心压力会造成肌肤的干燥粗糙等问题。其实，压力会造成荷尔蒙及免疫机能的失调，所以不仅仅是肌肤，身体各处都会出现不良反应。不过，想要证明压力会对肌肤造成影响，是一件很困难的事。因为它只能靠你自己去感觉，判断是不是在承受压力时才会明显影响肌肤状况。但压力与肌肤粗糙问题都呈现慢性变化的现象，想要正确理清其中的联系就比登天还难了。

压力造成的肌肤问题对策

　　如果肌肤问题大多是来自压力而常常让人束手无策，那么还会造成更多的压力。要是你无法改善造成压力的原因，那就只能改变自己的观念或想法了。以最常见的职场压力为例，就算是在同一个职场内的人，也不是每一个人都有肌肤粗糙的问题吧！对于同样的状况，每一个人的感觉和态度可能相差十万八千里。

所以可以试试向别人看齐，学习正向思考、积极乐观的态度。另外，如果想减轻日常生活中累积的压力，我认为运动是不错的方法。借由活动身体，可以促进分泌让心情好转的荷尔蒙，在中医里也提到，运动可让"气"的循环变好。而精油等芳香疗法也有不错的效果。在我们的五官感觉中，只有嗅觉能在脑内直接对掌管感情的神经产生影响。举例来说，当鼻子闻到淡淡的清爽香气时，人就可能放弃执拗，心情也自然变得放松、舒畅，这就是精油芳香疗法的效果。可以试试看在生活中利用精油或者香熏产品，让自己转换心情，充电再出发。

接下来我们来探讨"正面压力"。所谓的压力，并不全只是令人讨厌的负面事情。例如，当上司托付给你期待已久的工作时，你可能会不自觉精神百倍、充满干劲，此时也会出现压力的反应。我们平时的休假，其实在某种层面上，也是诱发压力的一种原因。总的来说，医学上所说的压力其实意义十分广泛，它们会影响体内平衡，当然也会造成肌肤干燥粗糙。

星期天

依赖营养品是大忌！

过度相信营养品并不是好事

到了药妆店里，可以看到满坑满谷的各种营养补给品。常常有患者问我：
"想要维持美肌，应该要吃什么营养品呢？"其实我并不推荐利用胶囊等营养
品的方式来补充日常必需的营养素。

我不建议这么做的理由有两个，首先是吸收效率的问题。例如，维生素
B2虽然对肌肤很好，但是服用这类胶囊或药丸过几个小时之后，尿液会明显
变黄。相反的，如果是从食物中摄取维生素B2，就算吃得再多，尿液也不会
变得很黄。健康营养品内含的营养素和食物中本身含有的营养素相比，前者的
吸收效果比后者的明显差太多了。尤其是维生素C或B等水溶性维生素，都
很容易跟随尿液排出体外。

另一个是过度摄取的问题。有一些脂溶性营养素，像是维生素 A 和 E 等，如果过度摄取都会累积在体内，甚至可能引发副作用。也有报告显示，为了检测这些维生素剂对癌症预防是否有效，曾经持续以人体做实验，结果反而发现它会提高癌症发生的概率。大自然赋予人类的伟大恩惠，我们却想用人工方式合成、摄取，到头来是行不通的。

从食物中摄取的营养才有用

想要维持美肌，最正确的方法还是要从均衡的饮食中摄取营养。一天摄取的平均标准约是 100 克黄绿色蔬菜、200 克浅色蔬菜、100 克肉类或鱼类，一颗蛋，并请注意不要摄取过多的碳水化合物。

还要多吃一些海藻、根茎类、豆类等食物。尤其是大豆制品有刺激荷尔蒙的作用，可以保持年轻的肌肤，非常适合每天摄取。

皮肤老化现象透析

到皮肤科就诊的病患中，有人皮肤里长了一颗颗的东西，这就是所谓的老化现象。但是，大多数人都不知道它是一种老化现象，所以才会以为自己的皮肤出了毛病，而跑去皮肤科看诊。

以下我要列举几个与老化相关的代表性例子。

软组织瘤：常见于脖子上，比米粒小。基本上多为肤色或咖啡色，像是鸡冠的触感一样，呈现一粒粒的突起物，有时候接触到衣服会有刺痛感或发痒。也常常长在胸部、腋下、大腿等容易摩擦到的地方。皮肤较细嫩的人比较容易会长软纤维瘤，有时甚至一次能长出几百颗，有时要到皮肤科做小手术刀进行切除。

老年性血管瘤：像是红色平坦的痣，又像突然用红笔画上去的红点。在全身各处可能都会有。想要消除这种老年性血管瘤，镭射治疗具有不错的效果。

原本平的痣开始隆起：尤其是脸上的痣，原本一直平坦的痣开始像小山一样地隆起。或者是本来黑色的痣，颜色开始变淡。常常有人说："痣如果变大，就是癌症的前兆。"但是像小钢珠一样的隆起现象，其实是痣的老化，并不需要特别担心。不过，在数个月内突然快速变大，并有出血现象或者颜色比以前还黑时，最好到皮肤科就诊比较保险。

指甲的纵向纹路：大家大多认为指甲会反映内脏的健康状况，其实指甲上一条条纵向的直线纹路并不代表内脏的疾病，而是指甲的皱纹，也就是指甲的老化现象。而黑色的纵向直线，就是指甲的痣，如果这种直线过粗（宽于1厘米），就要到皮肤科就诊。

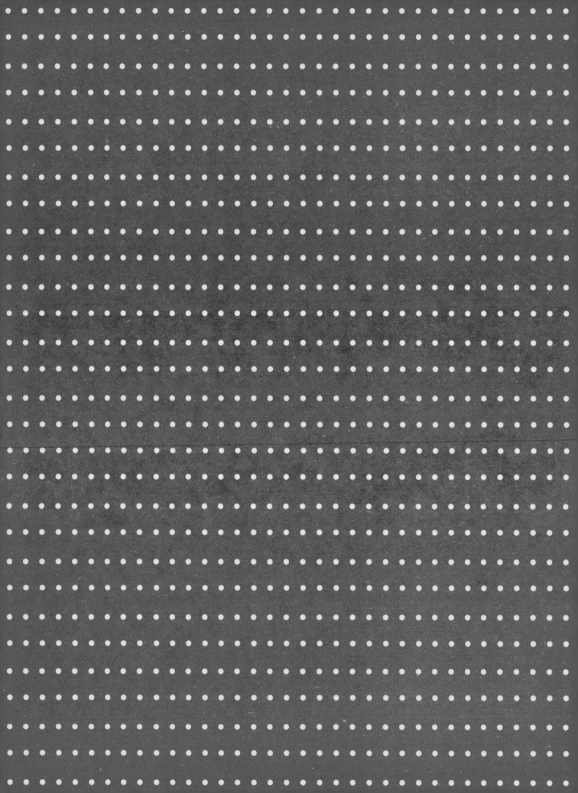

第5章
蜕变周

身体专用的美白产品，能对抗除毛后的毛孔黯沉吗

用杀菌皂洗澡再擦药用化妆水，能改善背部、屁股的痘痘吗

戴手套做家务、晚上擦护手霜，能让双手不再粗糙吗

用止汗喷雾可以抑制体臭吗

不吃肉，不碰油，怎么还是瘦不了

解决肌肤、发质的烦恼，
别再闭门造车了！

星期一

身体专用的美白产品，能对抗除毛后的毛孔黯沉吗

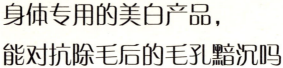

只要不停止拔毛，毛孔的黯沉就无法改善。

停止拔毛，开始果酸换肤

拔除体毛其实会对肌肤造成莫大的负担。

体毛会从皮肤获得养分而生长、变长，虽然本身并不是活性组织，但是毛囊部分却是活性组织。因此，拔毛的动作就会直接拉扯到毛囊的活性组织。痛是理所当然的，因为在我们看不见的毛孔深处，被扯裂的皮肤组织已经出血发炎，形成"发炎性色素沉淀"的斑点，这就是拔体毛常会让毛孔成为一颗颗凹凸不平的黯沉斑点的原因。

身体的皮肤因为比脸部肌肤厚、代谢也较慢，一旦形成的斑点要花好几年才会变淡，如果仍不停拔除体毛，就算擦再多的美白保养品，也永远赶不上毛孔黯沉的速度。总而言之，想要阻断斑点形成，就必须停止继续拔除体毛，这才是解决黯沉的首要对策。而利用美白保养品来对付已经形成的斑点，还不如使用身体磨砂膏或果酸换肤。因为身体皮肤角质较厚，无法彻底渗透吸收美白成分，利用可以代谢老化角质的果酸换肤，才可以促进黑色素的排除。

使用安全刮刀或电动除毛刀

怎样做才是正确的除毛方法呢？我建议使用安全刮刀或电动除毛刀来刮除体毛。购买安全刮刀，应该选择刀片旁边附有止滑条的产品，这种对肌肤不会造成伤害。而可替换刀片式的产品，就要勤劳些更换刀片（若已刮除过双手双脚的话，就应更换刀片了）。电动除毛刀就像男性使用的电动刮胡刀一样，刀片间的孔隙有加盖设计，将体毛以吸入孔内的方式剃除。因为使用方便，又可剃得很干净，所以除毛后能够比较持久。但是，皮肤上常有凹凸不平的人，使用电动除毛刀会容易刮伤皮肤，还是建议使用安全刮刀。

无论使用何种除毛刀，最好都要在洗澡后使用。因为此时的皮肤温度较高、皮肤较柔软而且干净。除毛之后也要用冷水或湿毛巾稍微冰敷一下，可以抑制发炎现象，完成后再擦上身体保湿液即可。另外，除毛应选在身体状况良好的时候进行。如果是生理期之前、感冒期间或是睡眠不足时，皮肤的免疫功能也会跟着下降，在这时除毛容易造成皮肤问题。就算确实注意上述的要点，还是有人在除毛后会感觉瘙痒，甚至长斑，还有的人除毛后毛孔还是看得到一点点黑黑的，那就可以考虑试试永久除毛。

除毛所引发的皮肤问题

除了发炎性色素沉淀，除毛还可能引发下列的皮肤问题：

毛囊炎：细菌从毛孔进入皮肤，长出像是青春痘一样的脓包。大部分是因为拔毛而引起的，但也有人在刮毛后长出新毛时引起毛囊炎。

毛孔封闭：不停拔毛造成毛孔受伤的结果，毛孔的伤口结痂，使得随后长出的体毛就埋藏在皮肤里。就算是将毛挑出来拔掉，之后长出来的毛可能还是会在皮肤里。

疤痕化：重复拔毛的皮肤形成伤疤，皮肤也会变厚变硬。毛孔会因此变成一颗一颗的突起物，像鸡皮疙瘩一样。

除 毛

① 避免直接拔除体毛，使用安全刮刀或电动除毛刀。

② 在清洁温热后的皮肤状态下除毛，并在完成后冷敷、保湿。

③ 身体状况不佳时应避免除毛。

冷敷

擦化妆水保湿

星期二

用杀菌皂洗澡再擦药用化妆水，能改善背部、屁股的痘痘吗

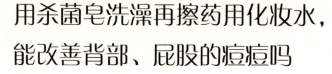

改善生活习惯才能解决身体的痘痘问题！

身体的痘痘并无法靠保养清洁来改善

可能有不少人的背部、屁股、胸前会长出一颗颗的红疹，这大部分是痘痘。无论是身体也好。脸也好，只要肌肤一产生问题，相信大家第一步会先想到要用专用肥皂或化妆水，用保养来改善肤质的想法似乎是理所当然的。

但是，请大家仔细想一想，引发肌肤问题的原因一定是来自于体内。不规律的生活习惯、偏食、睡眠不足、压力等，这些看似微不足道、互不相干的小问题，却会在经年累月之下，破坏我们皮肤免疫系统的平衡。

另外，身体的毛孔较深，就算使用治痘保养品也很难改善问题，因为保养品中的有效成分难以渗透至毛孔深处。

形成身体痘痘的复杂原因

身体会长出痘痘，其实是结合了体内及体外的各种复杂原因。

首先，最有可能是来自于不规则的生活习惯。所以，请早睡早起，并以健康饮食为主，尽量做到均衡饮食。欧美人就是比较容易长痘痘的民族，在咖啡厅里吃着意大利面或三明治，看起来非常有时尚感，但其实传统的健康饮食才是维持美肌的方法。

另外，标榜对肌肤温和（防止肌肤干燥）的身体沐浴乳，其实多会在肌肤上残留油脂，成为痘痘恶化的主因。香皂才能做到彻底清洁，使肌肤不会有过多残留物质。但也不需用到什么特别的香皂，用传统的老牌香皂就行了。还有，洗身体用的沐浴刷或是尼龙材质的沐浴巾这些比较硬的东西来刷洗身体，容易造成色素沉淀，应该使用棉制的沐浴巾比较理想。

而保湿用的身体乳液及防晒产品等，通常添加了油脂，尽量不要擦在容易长痘痘的部位。再来，也有人是因为衣服或流汗的刺激而长痘痘的。光是穿着稍有刺痛感的针织衣物，就有人会猛冒痘痘。蕾丝或亮片材质会对肌肤造成较大刺激的，也应尽量避开容易长痘痘的地方。另外，也可以试着穿触感舒适、易吸汗的棉料内衣。

身体痘痘的恼人之处就是容易产生色素沉淀。有的人甚至在治好痘痘以后，留下黑斑一样的痘疤，过了好几年还没有消去。如果这种痘疤已经造成你的困扰，可以到皮肤科接受果酸换肤治疗，每隔 3 至 4 周进行一次果酸换肤，持续 5 次左右，黑斑就会变淡消失。

利用中药从体内治痘

就算排除掉上述种种原因还是会长痘痘，你可能就是容易长痘痘的体质了。这时候，不妨试试具有改善体质作用的中药治疗。比如"十味败毒汤"和"柴胡清肝汤"等，似乎都有不错的效果。请到药局或者能开中药处方的医院咨询。

正确解答

身体战痘对策

① 改善不规律的生活习惯。

② 用香皂洗澡，穿没有刺激性材质的衣服。

③ 中药治疗的效果也不错。

④ 痘疤形成的黑斑可用果酸换肤治疗。

星期三

戴手套做家务，晚上擦护手霜，能让双手不再粗糙吗

别让双手一整天都暴露在各种刺激下，若不细心呵护，双手粗糙就不会改善。

保养双手需要坚持

需要做家务的女性，总是无法逃离手部干燥粗糙的命运。这种症状通常会先从手指头开始变得干燥，严重的话会皲裂破皮，甚至到最后连指纹都不见了。

手部的干燥粗糙问题，大多是因为煮饭做菜。一旦出现粗糙干燥的症状，日常生活中的其他刺激，就会让症状恶化。所以，光是在煮饭做菜时戴橡皮手套还是不够的。如果不细心呵护双手，就算擦再多的护手霜也没有效。

首先，进厨房时一定要戴橡皮手套，就算只是少量的洗洁精，都要尽量避免直接接触到皮肤。如果戴橡皮手套会过敏、瘙痒的话，可以先套上一层薄薄的棉质手套，再戴上橡皮手套。

就算只是洗个青菜，也要记得戴上比较薄的聚乙烯材质手套（一次性手套）。因为双手只要碰触到附着在青菜上的泥巴、洗菜水，就会开始粗糙、干燥。如果戴手套会妨碍工作的话，就在旁边放一条毛巾，时时刻刻不忘记把手擦干净。如果放任双手一直处在潮湿的状态下，水分蒸发时就会带走肌肤的滋润度。

整理、打扫房间时，也要戴上橡皮或棉质手套。不只是清洁剂，接触灰尘或纸张都是手部干燥粗糙的成因。

洗手也有讲究

除了做家务以外，也要尽量减少双手接触水或任何清洁剂的机会，不要动不动就跑去洗手，还要尽量减少需要洗手的机会。

如果想使用洗手的清洁产品，固态的香皂会比液态的洗手乳来得好。标榜具有杀菌效果的洗手产品，多含有刺激性较强的杀菌成分，请不要使用这类产品。拿最普通的白色香皂来洗手，就已经有足够的杀菌效果了。另外，上厕所时并没有碰到油腻的东西，所以上完厕所就不需要香皂了，直接用清水冲洗即可。

看完上面的内容，可能有人会觉得若不仔细洗手的话，好像会不够干净，但事实正好相反！健康肌肤的角质层中有一些好菌，它们的任务是阻止坏菌的人侵。但是，当手部出现粗糙干燥的问题时，角质层的防御机能也会跟着降低，坏菌就会乘虚而入，大量繁殖了。手部干燥问题严重的人所做的食物，吃了甚至可能会引发食物中毒。所以，减少不停洗手的次数，赶快将手部干燥问题治好，才是真正卫生的做法。

护手霜的妙用

想要治疗手部粗糙干燥的问题，当然少不了护手霜。在每次洗手后，立刻用手帕或毛巾将水分擦干（自然蒸发或使用烘手机都会加速手部干燥），并且立刻擦上护手霜。可能有人会对黏稠的护手霜有抗拒感，而它是擦在手上的东西，为了符合大家擦了护手霜后还要吃饭、摸小婴儿等需求，所以当中的成分应有一定的安全考虑。另外，不同的护手霜，效果也会有明显的差异。

所以请尽量货比三家，选择不黏腻、同时又有长时间滋润效果的产品。

晚上睡觉前涂抹护手霜，的确会让效果更显著，但是并不需要再戴上一层手套。人在睡着之后，手部会开始散热以调节体温，所以戴上手套反而无法得到安稳的睡眠。手部的粗糙干燥问题在还未完全根治以前，都会有再复发的可能性。所以请耐心地持续护理，直到它完全回到和健康肌肤一样的状态才行。如果出现瘙痒不止的情形，要尽快到皮肤科就诊。

正确解答

应对手部干燥

① 煮饭、打扫时都要戴上手套来呵护双手。

② 尽量减少洗手的次数，洗手后要立刻把水分擦干。

③ 勤擦具有长效滋润效果的护手霜。

星期四

用止汗喷雾可以抑制体臭吗

流汗 ≠ 异味。身体异味来自各种原因！

各种不同的体味

大家动不动就会提到汗臭味，其实汗本身是一点都不臭的。像是做桑拿或岩盘浴时，就算狂流了一堆汗，也闻不到一点汗臭味吧？那是因为刚分泌出来的汗液，并不会产生异味。为什么会产生体味呢？造成体味的原因可以分成几种：首先是脚臭味。这是流汗过了一段时间后，在密不透气的情形下，皮肤表面的细菌会持续繁殖，分解了角质层的角质蛋白，形成所谓的脚臭味。容易流脚汗、脚趾头之间缝隙较小的人，比较会因为双脚密不透风而产生异味。脚臭的对策是应穿着棉质袜子、隐形袜，其中又以五指袜最佳。脚汗过了一段时间就会产生异味的，可以拿湿纸巾擦拭双足，勤换袜子也可以避免脚臭。

不过，最重要的是要勤洗双足。如果只是站在浴缸里随便冲一下，无法彻底清洁双脚的污垢，所以请坐下来，仔细地清洗脚趾头间的缝隙，搭配软刷来清洗效果更好。很多人会使用止汗喷雾，但是它并不能做到长时间止汗。喷雾中所含的粉末颗粒甚至可能在吸汗后结块，反而变成细菌繁殖的温床，异味也就更加刺鼻了，所以要选择不含粉末、有杀菌效果的产品。

不管再怎么注意还是会有脚臭困扰的人，这是因为汗液中含有较多的异戊酸脂肪酸，所以即使没有流汗也容易产生体味。无奈的是这与体质有关，只要别长时间穿着靴子，应该就没问题了。

狐臭是遗传

另一种体味是狐臭，这与流汗并无太大的关系。人体内分泌汗液的汗腺分为两种。一个是外分泌腺（小汗腺），会分泌透明、干爽的汗液。外分泌腺分布于全身各处，尤其是手心及脚掌最多。而另一个是顶浆腺（大汗腺），会分泌呈黄色、稍有黏稠感的汗液，是产生异味的元凶。顶浆腺通常附着于毛孔或者分布在腋下、耳朵、阴部、乳晕及肚脐处，这是造成狐臭的原因。

简单来说，外分泌腺较发达的人会有容易流汗（多汗症）的困扰，而顶浆腺发达的人则有狐臭体质，狐臭几乎都是遗传的，父母亲如果有一方是狐臭体质，那么他们的孩子通常也是，耳垢呈现黄色黏稠状，穿白色衣服时腋下部分的布料容易变黄等。

体味来自皮脂氧化

除了上述的脚臭及狐臭，头皮上的皮脂也会随着时间氧化，形成体味。男性比女性更容易有体味问题，因为男性荷尔蒙会使皮脂分泌旺盛，有的也与皮脂成分变化后形成的不饱和醛有关。随着年龄增加，皮脂的构造开始变化，男性女性都会碰到一样的问题。只要在皮脂氧化前注意清洁，就不会产生异味，最容易分泌皮脂的部位是头部，然后是脸、背部和胸部。

正确解答

消除体味

① 仔细清洁全身各处，包括平常易忽略的地方，别让汗液及皮脂长时间停留在身上。

② 止汗喷雾要挑选具有杀菌效果的产品。

不吃肉，不碰油，
怎么还是瘦不了

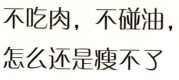

吃肉最容易变胖是谣言，不摄取蛋白质反而会加速肌肤老化！

吃面包和意大利面比吃肉类更容易发胖

在注重保养与健康的女性眼中，肉类总被视为天敌。这可能是因为大家总认为"吃肉就会长肉"。所以，代替肉类获得女性青睐的就是白饭、面包、面条等碳水化合物的食物，这些东西才是发胖的真正原因。

身体在运动时，碳水化合物能适当地转换为热能，但是没有消耗完的碳水化合物却会累积在体内变成脂肪。因此，对我们的身体来说，碳水化合物是最容易变成体内脂肪的食物。

肉类和鱼类里富含的蛋白质，反而较难形成身体脂肪。蛋白质会在体内转换为氨基酸，长出新的肌肉和皮肤，很少变成身体脂肪，所以吃脂肪含量少的肉类也就不容易发胖。

另外，大家也以为生菜沙拉对保养美容很有用，但它还会造成寒性体质。而沙拉酱的油分所含的高卡路里更是不容小觑。女性们喜欢在午餐时食用的意大利面、生菜沙拉等食物，都容易增加身体脂肪，维生素含量也不够，对美容其实没有太大效用。

减肥同时达到美肌的饮食

如果想在减肥的同时达到美肌效果，首先一定要减少碳水化合物的摄取。取而代之的是，每天应摄取约 100 克的低脂肪红肉及鱼类，晚餐没有摄取任何碳水化合物也无所谓。最不建议食用的是碳水化合物及油分含量多的意大利面和三明治，再来是丹麦面包和包馅的面包。

一旦减少了碳水化合物的摄取量，体内的热量来源不足时，就会开始燃烧体脂肪。虽然大家常说要吃白米饭，才会有足够的能量，但是如果不让身体维持在低热量的状态，体内的卡路里一直处在高含量时，体脂肪自然也不会减少了。

均衡饮食法

另外，对于有吃素习惯及奉行有机养生饮食的人来说，他们通常会觉得"吃肉会变成酸性体质"、"身体废物会堆积在体内"；但这些只是坊间传言而已。的确，过多的脂肪会氧化成为过氧化物，造成体质酸化，但是低脂肪肉类并不会。说穿了，肉类的主要成分是蛋白质，而不是脂肪。而且，鱼类的脂肪会防止身体变成酸性，更该积极摄取才是。相反的，有馅的面包在制作过程中，其所含的油脂经过加热一段时间后，才更是形成酸性体质、身体老化的原因。肉、鱼、蔬菜都是大自然赋予的宝物。这些新鲜的食物，只要能够均衡摄取，并不会对身体产生不良影响。而那些花时间做了加工的食物，反而对身体不好。

想要变瘦、变美，每天应该摄取 100 克肉类或鱼类，100 克黄绿色蔬菜、200 克浅色蔬菜，也建议食用其他的根茎类蔬菜、海藻类、豆类等。为了帮助脂溶性维生素的吸收，摄取适量的油是必须的，可以选择以天然成分为主的油，例如橄榄油、麻油或紫苏油等，避免使用沙拉油或人造奶油，而碳水化合物当然是越少越好。

正确解答

控制饮食的减肥法

① 控制卡路里要从减少碳水化合物和油分开始。

② 减肥时也应每天摄取 100 克肉类或鱼类，100 克黄绿色
   蔬菜和 200 克浅色蔬菜。

星期六

轻松达到瘦身与美肌效果的食谱

一天至少一餐自己开伙

意大利面、乌龙面、饭团、三明治……这些便利食品和便利商店爱好者常吃的食物，其实大部分都是碳水化合物，不仅容易发胖，更缺少美肌所需的蛋白质和维生素。就算是忙到没时间自己开伙，至少也要试着一天一餐，自己动手做能够摄取大量营养的饭菜吧。以下将介绍大忙人也能轻松做的菜单，不但不易发胖，而且营养也很高。

焖烤鸡胸肉与蔬菜

香味浓郁的麻油可给菜肴提味，也可用鱼代替鸡胸肉。

材料：鸡胸肉4片。盐、胡椒适量。你喜欢的蔬菜（金针菇、平菇、葱、青椒、芹菜等，冰箱里现有的食材即可）约200克。麻油少许，米酒1小匙，酱油2小匙。

作法：鸡胸肉斜切片，撒上少许盐巴及胡椒。蔬菜类切成长条状。取两大张铝箔纸，在表面涂上一层薄薄的麻油（增添香味，也能让食材不粘连）。将所有材料均分为两等分，放在铝箔纸上，淋上米酒、酱油后，再把铝箔纸包起来，注意不要让汤汁流出。在烤箱里焖烤10分钟。

木瓜雪梨汤

木瓜具有阻止人体致癌物质亚硝胺合成的本领，木瓜中维生素C的含量之高竟是苹果的48倍！常吃木瓜具有平肝和胃，舒筋活络，软化血管，抗菌消炎，抗衰养颜，抗癌防癌，增强体质之保健功效；木瓜是一种营养丰富、有百益而无一害的果之珍品。

材料：木瓜半个，小雪梨六个，冰糖20颗。

作法：将木瓜去皮切小块，梨削皮去核切小块备用；锅内装水，加入切好的梨、木瓜、冰糖一起大火煮开，改小火炖30分钟，就可以了；自然凉透后装盒子放入冰箱冷藏，随吃随取，凉了味道其实更好。

星期天

简单的美肌伸展操

随时随地的一心两用法

想要促进身体及肌肤的代谢速度，达到闪亮美肌，运动绝对是不可或缺的。另外，能够放松僵硬的肌肉、促进血液循环的伸展操，对于维持美肌也是很有效的。没有时间运动的人，一定要试试以下几种能够随时随地做的运动和伸展操，比如前面提到的健走，在下班后和假日时也请持续力行。

起床伸展操

起床以后继续躺平在床上，将手脚大力地上下摆动。接着，右侧膝盖弯起向左侧放下，上半身则转向反方向的右侧。另一侧的脚也以同样方式重复上述动作。

刷牙中的脚跟运动

站着刷牙时，将脚跟抬起再放下，此动作可以锻炼小腿后侧肌肉。

上下班时快走

穿上休闲平底鞋，双手不提东西或背双肩包，抬头挺胸快步向前走。

搭公车或等红灯时的脚尖操

踮起脚尖让脚踝整个悬空，会觉得屁股肌肉有拉紧的感觉，此动作能让双腿后方肌肉紧实。

办公室伸展操

双手在头部上方交握，用力向上拉直伸展，可使上半身肌肉柔软。然后，双手再在脑后交叉，慢慢地将头往前倒。把左手放在头的右侧，慢慢将头推往左侧倒。另一侧也以同样方式进行。此伸展操能促进血液循环，对于肌肤黯沉和眼睛疲劳很有效果。

睡前伸展操

坐下后将双脚的脚底贴合，拱起身体，把脚跟拉往身体的方向，以达到背部和腰部肌肉的伸展。躺在床上，用双手抱住右脚，慢慢抬举到胸前。左脚也以同样方式进行。

我的日常保养秘籍

　　一边工作一边照顾 4 个小孩的我，平时对于自己的肌肤和健康，会特别注意哪些地方呢？又是怎么保养肌肤的呢？我通常不会过分要求自己，和那些完美主义者相比，我更懂得快乐生活，尽量不让自己累积太多压力就是我的人生座右铭。

　　饮食：平常的饮食都是粗茶淡饭，非常简单，我每天一定会吃一些烫青菜。例如，晚上回家以后，趁着换衣服的空当先煮热水，然后烫一些菠菜和青花椰菜，剩下的还可以隔天带便当出门。我的冰箱里总会有纳豆和豆腐。如果是和家人或朋友在外面吃饭，就会毫无禁忌地大吃一番，如果觉得青菜摄取不足，回家以后再喝一杯青菜汁。

睡眠：睡眠不足除了破坏美容和健康之外，也会降低工作时的注意力，所以我把睡眠当做自己的工作之一。我的目标是在 12 点左右就寝，如果有事需要拖延了，就把吃饭、洗澡、保养等琐碎的事情在一个小时内快速完成。

运动：周末时，我会和小孩子们出去跑一跑，夏天就去游泳。工作如果结束得早，就会利用下班的时间健走回家。因此，我几乎都是穿休闲平底鞋上班。

其他：常保持乐观积极的态度，对于过去的事就不再追究。因为在看诊时和在孩子面前，总不能摆出一张臭脸，所以这几年来我已经习惯了这种生活方式（也许这也算是一种职业病），这反而像是一种精神层面的保养，我更有抗压性了。以前我当学生时，老师说过这么一句话："人在快乐的时候会笑。反过来说，笑容会带给你快乐。"现在这句话仍然是我奉为主旨、努力实践的一件事。

后 记

破除迷思才可获得美肌！

本书中介绍的 25 种保养迷思和错误观念，你总共命中几项呢？相信没有人的答案是零吧！

每天在美容皮肤的门诊，我听到许多女性对于自身肌肤的疑问。最令我惊讶的就是许多人在肌肤保养上有很多错误观念，而且就算是不同的人，竟然也都有相同的问题。

为什么这么多的女性会有一样的错误观念呢？

像是"用油脂来锁住水分"、"吃胶原蛋白可以补充流失的胶原蛋白"等，这些理论都让人不假思索地认为正确。也许是因为这些简单易懂的论调已经深植在你的脑海中，所以你容不下真正的正确观念了。但是误信这些易懂、有亲切感的理论，一味随波逐流，永远也无法达到真正的美肌保养。

正确的解答是，能够锁水的并非油脂，而是分子钉，想要补充胶原蛋白，不是直接摄取胶原蛋白，而是要靠果酸换肤或者维生素 A。如果不知道肌肤的基本构造，这些理论可能很难让你接受，但是只要真正懂了以后，其实保养也很简单。

有人是从成功中学习，但大多数人总是在失败后才得到教训。至今还一直在进行错误保养的人，请好好审视自己到底错在哪里。只要从今天开始，改掉错误的保养习惯，相信你的肌肤会越来越好。

吸收正确的知识，保持自信，好好地呵护自己的肌肤吧！当你可以大声地说自己最了解自己的肌肤时，你才能做到最好的、最正确的美肌保养。

《一辈子当公主》上市两年来，已加印近10次

〔韩〕阿内斯·安 著
〔韩〕崔淑喜 宋秀贞 绘
郑杰 李宁 译

定 价：29.80元

想成为高贵公主的女人们，

背起行囊，跟我出发吧！

为生活所累的你，是否曾期盼遵循内心的呼唤，自由快乐地度过一生？是否曾渴望摆脱乏味的生活，过得与众不同？从现在开始，请与我一起尊重这份期盼和渴望——跟着心灵去旅行，一辈子当公主！

本书为希望像贵族公主般生活的女人而写，作者从"旅行中找到的简单生活（Simple Life）"、"扣人心扉的公主智慧语（Princess's Wise Saying）"、"公主的使命日记（Mission Diary）"等方面，传达了走向精彩人生的心灵物语。

公主不只出现在童话里，　也不再是女孩的专利，

即便你年华不再，青春已逝，仍旧可以一辈子当公主！

中资海派

打造经典　成就卓越

让"爱自己"的温热融化情感的冰山，
陪你获得爱情路上的温暖与勇气

〔德〕爱娃－玛丽亚·楚尔霍斯特　著
　　许　洁　译

定　价：28.00元

婚姻危机、秘密情人、三角关系、亲子矛盾、出轨、性、激情、欲望、堕胎……

　　在这个快速消费的时代，我们已经习惯了消费，也习惯了丢弃，甚至我们的伴侣关系也被深深地打上快速消费的烙印：只要觉得不再适合自己了，就立即换一个新的——"我肯定还能找到更好的伴侣！"而欧洲最受信赖和欢迎的情感医师爱娃－玛丽亚·楚尔霍斯特，却通过在咨询中所接触到的上千个婚恋案例总结出：只要爱自己，和谁结婚都一样。你现在的伴侣就是最好的，绝大多数离异和分手都是可以避免的。

这是一碗献给即将以及
已经步入婚姻殿堂的男女们的心灵鸡汤。

中资海派

打造经典　成就卓越

享受终极法式美味的温情小品

　　探索忙碌生活中的味蕾哲学

　　　　朱莉·鲍威尔年届三十，住在纽约皇后区一间破旧的公寓里，做着一份乏善可陈的秘书工作。她需要新鲜事物来打破单调沉闷的生活，所以，她开始了一项名为"朱莉与茱莉亚"的疯狂美食计划。她从母亲那意外得到一本古董级的菜谱书——美国著名女厨师茱莉亚·查尔德的经典著作《掌握法国菜的烹饪艺术》。朱莉在 365 天内，成功地做出书中的 524 道菜。从红酒煮蛋到煎牛排；从"可恨的大米"到活斩龙虾，她渐渐意识到，这个疯狂的计划改变了她的生活。经过漫长的探索与尝试，她将厨房变为了一个神奇的创造之地。在这奇异有趣的煮食过程中，她用诙谐的幽默、澎湃的激情和顽强的毅力改变了平庸的生活，找寻到被遗忘的生命的欢悦。

〔美〕朱莉·鲍威尔　著

　　　　苏　西　译

定　价：26.80元

在茱莉亚的食谱里用爱提味充满勇气

在朱莉的生活里渴望香料期待甜蜜

中资海派

打造经典　成就卓越

解读他捉摸不定的眼光，

捕捉那闪烁其词的念想……

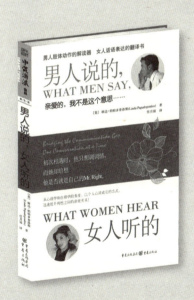

你不能改变自己的性别，也不能改变因性别而产生的情感和思维；也许你根本就不想改变。但是只要你退后一步，和问题拉开一点距离，学会用全面客观的角度去看待这些问题，就能掌握神圣的"第三方语言"。这时，你离种种沟通问题的答案才会更近。最终，你和他（她）才会获得终生幸福。

其实，男人和女人也存在文化差异。《男人说的，女人听的》为两性创造了一套和谐的"第三方语言"——它能让你在男性语言和女性评议的转换间游刃有余，从而让男女间的沟通更和谐有效。不管你是"他"，还是"她"，这本书都会让你受益无穷。

〔美〕琳达·帕帕多普洛斯　著
　　　　　任月园　译

定　价：26.80元

从心理学和生理学的角度，以个人心灵成长的方式，迅速提升两性之间的亲密关系！

短信查询正版图书及中奖办法

A. 电话查询
   1. 揭开防伪标签获取密码，用手机或座机拨打4006608315；
   2. 听到语音提示后，输入标识物上的20位密码；
   3. 语言提示：您所购买的产品是中资海派商务管理（深圳）有限公司出品的正版图书。

B. 手机短信查询方法（移动收费0.2元/次，联通收费0.3元/次）
   1. 揭开防伪标签，露出标签下20位密码，输入标识物上的20位密码，确认发送；
   2. 发送至958879(8)08，得到版权信息。

C. 互联网查询方法
   1. 揭开防伪标签，露出标签下20位密码；
   2. 登录 www.Nb315.com；
   3. 进入"查询服务""防伪标查询"；
   4. 输入20位密码，得到版权信息。

中奖者请将20位密码以及中奖人姓名、身份证号码、电话、收件人地址和邮编E-mail至szmiss@126.com，或传真至0755-25970309。

一等奖：168.00元人民币(现金)；
二等奖：图书一册；
三等奖：本公司图书6折优惠邮购资格。
再次谢谢您惠顾本公司产品。本活动解释权归本公司所有。

读者服务信箱

感谢的话

谢谢您购买本书！顺便提醒您如何使用ihappy书系：
◆ 全书先看一遍，对n全书的内容留下概念。
◆ 再看第二遍，用寻宝的方式，选择您关心的章节仔细地阅读，将"法宝"谨记于心。
◆ 将书中的方法与您现有的工作、生活作比较，再融合您的经验，理出您最适用的方法。
◆ 新方法的导入使用要有决心，事前做好计划及准备。
◆ 经常查阅本书，并与您的生活、工作相结合，自然有机会成为一个"成功者"。